化学在行动

# 化学反应中的能量变化

[英] 克里斯 · 库珀 ◎ 著

李尧尧 ◎ 译

上海科学技术文献出版社
Shanghai Scientific and Technological Literature Press

**图书在版编目（CIP）数据**

化学在行动．化学反应中的能量变化 /（英）克里斯·库珀著；李尧尧译．—上海：上海科学技术文献出版社，2025．—ISBN 978-7-5439-9157-6

Ⅰ．O6-49

中国国家版本馆 CIP 数据核字第 2024J0Y264 号

---

**Energy and Reactions**

A Brown Bear Book

Devised and produced by Brown Bear Books Ltd, Unit G14, Regent House, 1 Thane Villas, London, N7 7PH, United Kingdom

Chinese Simplified Character rights arranged through Media Solutions Ltd Tokyo Japan email: info@mediasolutions.jp, jointly with the Co-Agent of Gending Rights Agency (http://gending.online/).



图字：09-2022-1060

责任编辑：姜　曼
助理编辑：仲书怡
封面设计：留白文化

---

化学在行动．化学反应中的能量变化
HUAXUE ZAI XINGDONG. HUAXUE FANYING ZHONG DE NENGLIANG BIANHUA
[英]克里斯·库珀　著　李尧尧　译
出版发行：上海科学技术文献出版社
地　　址：上海市淮海中路 1329 号 4 楼
邮政编码：200031
经　　销：全国新华书店
印　　刷：商务印书馆上海印刷有限公司
开　　本：889mm×1194mm　1/16
印　　张：4.25
版　　次：2025 年 1 月第 1 版　2025 年 1 月第 1 次印刷
书　　号：ISBN 978-7-5439-9157-6
定　　价：35.00 元
http://www.sstlp.com

# 目录

# 1 化学反应中的能量

一种物质转变为另一种物质时，化学反应就发生了。有的反应会吸收能量，而有的则会释放能量。

我们周围的世界无时无刻不在变化着。光亮的金属会变得黯然失色，甚至生出锈印，食物会变质，很多变化都是化学反应的结果。燃烧就是一种化学反应。山火中，燃烧的树木更加助长火焰（炽热的气体），并渐渐被烧成灰烬、烟尘，同时产生高温，让这些灰烬、烟尘、气体变得更热。

天气干燥、炎热时，山火时常发生，一旦发生，可能要几个星期后才会自然熄灭。

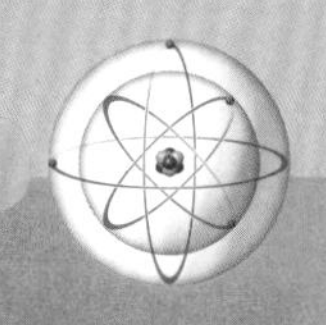

化学反应中的物质变化是因为原子，这种微小粒子构成了物质本身，在化学反应中相互分离，又以新的形式重新组合。举个例子，木头由一系列化合物混合而组成，包括碳原子、氢原子和其他原子。木头燃烧时，这些原子彼此分离，和空气中的氧原子结合，形成新的化合物，包括二氧化碳、一氧化碳等气体和水。化学变化过程中，原子本身并没发生变化，只是原子彼此结合的方式变化了。

## 近距离观察

### 物理变化

糖在咖啡里融化是一种物理变化，糖看上去是消失了，但事实上糖的分子只是充分地融进了咖啡里，并没有生成其他新的物质，所以这种变化是物理变化。

## 解释化学变化

化学家们研究化合物如何相互反应，并记录温度、压强和其他条件的改变对化学变化的影响。化学家们尝试解释为什么一些反应快、一些反应慢，为什么一些反应需要火焰或其他类型的外界帮助才能正常进行。

▼ 铁暴露在空气和水汽中一段时间后就会生锈。黄棕色的铁锈就是在这个反应中生成的。

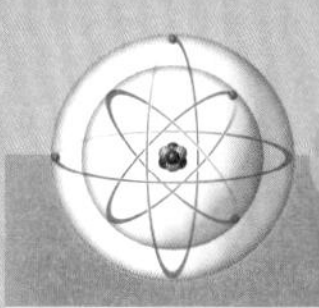

◀ 法国发明家丹尼斯·帕潘（1647—1712）和他发明的原始高压锅。帕潘发现，增加锅内压强，能让食物达到更高的温度，从而熟得更快。

## 能量和化学变化

从科学的角度认识能量，能够帮助我们更好地了解化学反应。总的来说，一个物体包含的能量就是它能使其他物体发生变化的能力。比如一个快速移动的球能打破一块玻璃，也能在地上砸出一个坑，也能撞倒一排保龄球球瓶。这个球有能量做这些事情是因为它在移动，它释放了一部分能量让其他物体发生变化，这种能量叫作动能。另一个例子是灯泡，灯泡以光和热的形式释放能量，这个能量来自流经灯泡的电流。灯泡发出的光让我们眼球中对光敏感的细胞发生反应，从而看见光。灯泡也会发出不可见的热辐射，加热周围的物体。物质的能量一定程度上促成了化学反应，同时也影响化学反应的方式。

例如，化合物甲烷由碳原子和氢原子构成，可以通过在烤炉中燃烧来提供热量。燃烧过程中，碳原子、氢原子与空气中的氧原子结合，生成二氧化碳和水。如果甲烷和空气一直存在，那么用一根火柴引燃或拧开烤炉开关，甲烷就会持续燃烧。

铁也会和空气中的氧结合。一个旧的铁钉暴露在空气中会生锈，锈蚀就是铁和氧结合的产物，这种反应和甲烷燃烧类似，只不过反应速度慢很多，但和甲烷不同，这种反应不需要借助火焰来帮忙。

化学反应的速度取决于温度，在温度更高的情况下，几乎所有化学反应的速度都会变得更快。锅中温度越高，菜熟得越快；水的温度越高，衣服上的脏东西清洗得越干净。化学家做实验时也经常通过提升温度让反应速度变快。

▼ 处于静止状态的子弹并没有杀伤力，可一旦高速运动，产生的动能就能让它撕碎沿途碰到的一些物体，导致严重伤害。

## 渺小的物质

化学家利用对原子性质的了解去解释化学变化。所有物质都由原子构成，原子互相结合，形成分子，大多数分子就像原子一样渺小。

氮和氧原子遍布在我们周围的空气中，有些氧以臭氧（一个分子含有3个氧原子）的形式存在。在二氧化碳分子中，1个碳原子和2个氧原子连接在一起，而其他气体元素，比如氩与氖，只有一个原子。

分子可能在化学变化中分解，或者在高温高压下分解，比如大气中存在的一些分子在闪电产生的超高温下分解为原子，这些原子又会很快再次反应、再次组合成分子。

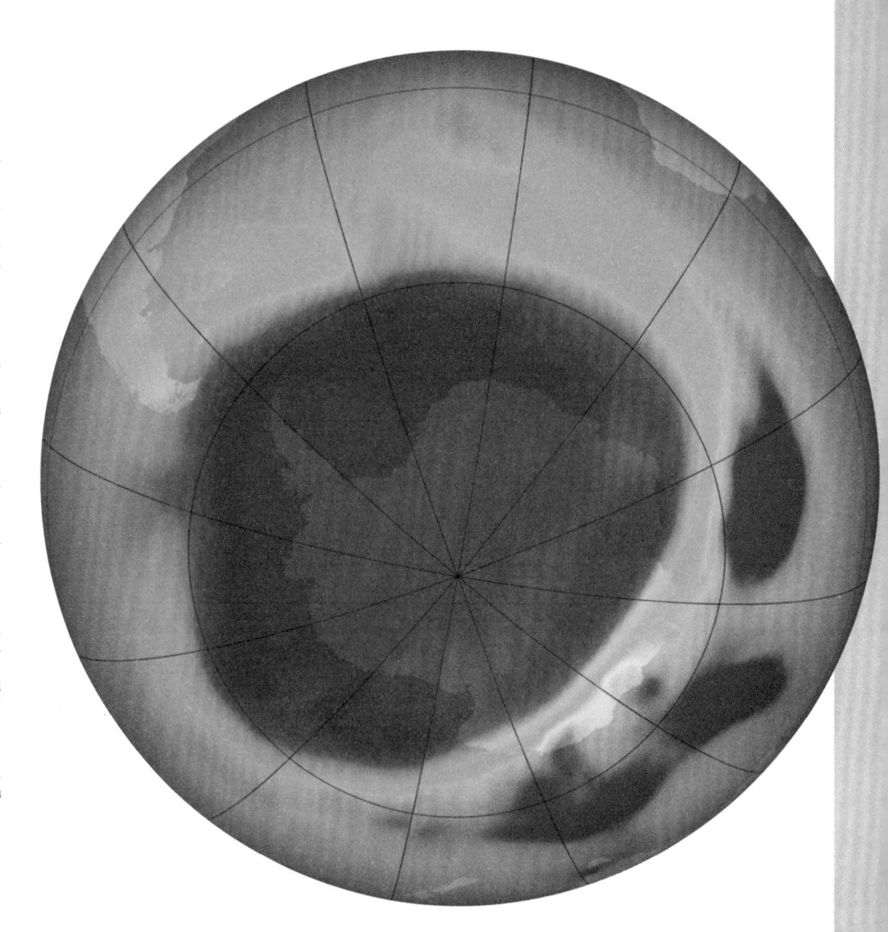

▲ 南极上空的臭氧层已经被消耗殆尽（图中紫色部分）。臭氧（$O_3$）分子包含三个氧原子，分解后形成常见的双原子分子。

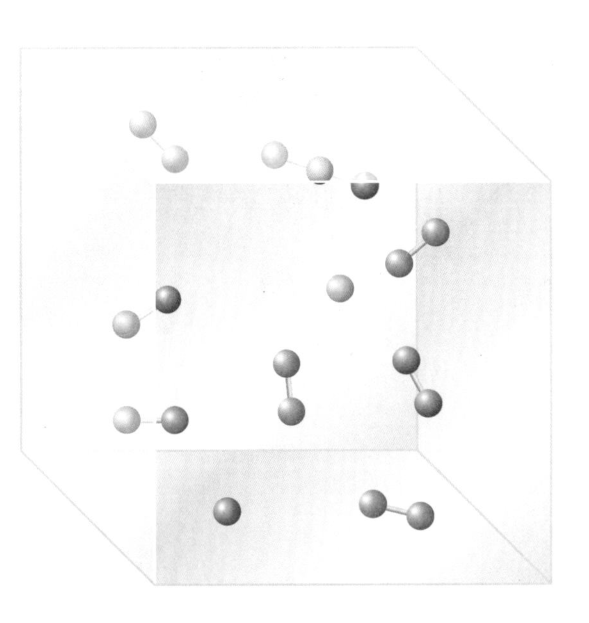

◀ 我们呼吸的空气中混合了多种不同的气体。其中，含量最大的是氮（图中呈蓝色），其次是氧（图中呈红色），其他气体包括二氧化碳、氩、氖和其他稀有气体。

## 移动中的分子

分子总是处于运动之中。在如石头一类的固体中，每个分子都在不停振动，但不会离开它们固定的位置，所以固体材料不会轻易改变大小和形状。一块石头不会因为你用手指推了它一下就改变形状，但如果你用锤子猛锤，石头还是会破裂。

在液体中分子同样振动，但比起固体分子，液体分子可以更加自由地移动。液体分子也是紧密结合在一起的，并且倾向

# 近距离观察

## 分子的大小

分子的大小差异很大，大多数分子非常小，只由几个原子构成。但生物体内有些分子却要大得多。脱氧核糖核酸（DNA）或核糖核酸（RNA）位于细胞中心，包含遗传物质，单个分子就包含数百万个原子。一个人类细胞中的DNA分子拉伸后能够达到5厘米长。很多蛋白质分子也非常大，可以包含数百个原子。一颗普通的盐粒就可以看作是一个大分子，它的原子并不聚拢在一起，而是彼此相连，组成一个大的、有固定间隔的网状结构，这个结构叫作晶格。

▲ 图中的大分子是蛋白质因子Ⅷ，又称凝血因子Ⅷ，这种因子在凝血、止血方面有重要作用。

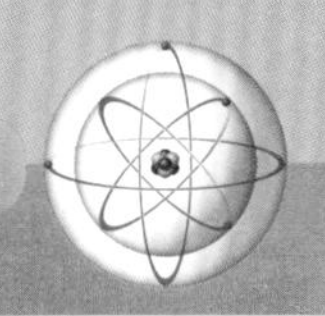

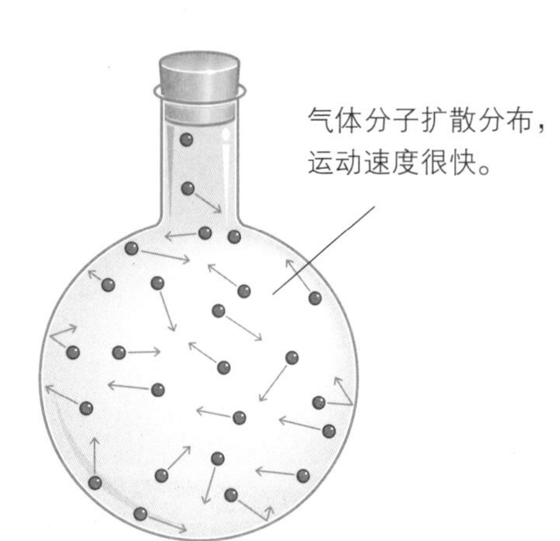


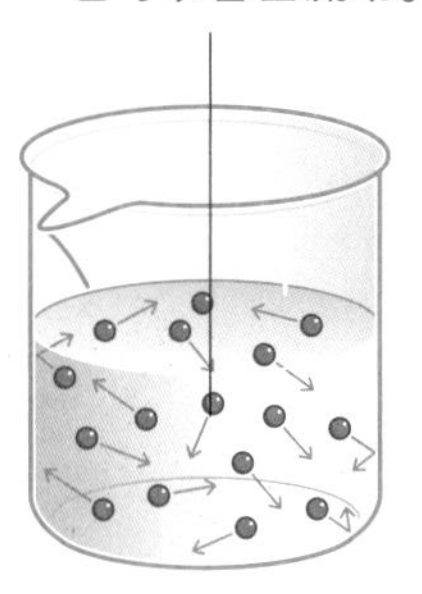


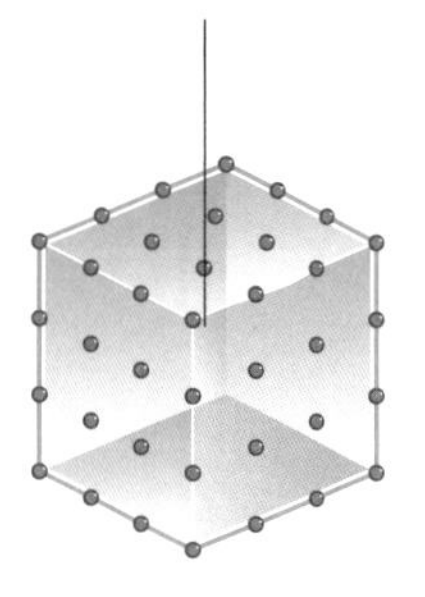


◀ 在物质的三种主要状态中，分子的间距和运动速度都不相同。

▼ 在液体中，分子会滑动，让液体流动起来，就像尼亚加拉大瀑布的水一样。

于和相邻的分子保持连接。这些分子彼此松散地连接着，不断互相摩擦着移动，所以液体呈现为它所在容器的形状。例如，你把果汁倒进杯子里，它就是杯子的形状；倒进罐子里，它就是罐子的形状。

气体的分子会彼此分开，四处乱飞，它们互相碰撞，撞到墙上或容器内壁上再反弹回来。气体分子不仅到处移动，还会旋转、振动。

在20℃的常温下，空气中大部分氧分子和氮分子会以每秒450米的速度移动，比音速还快。有时，一些分子移动得比这个速度还快，一些却慢很多。

物质包含大量微小粒子，而且这些粒子处于不断运动状态，这种观点被称为物质动力学理论。在日常话语中，“理论”一词有时指未被实践证实的观点；而在科学话语中，“理论”一词的意思却截然不同，它是指一种大多数情况下和已知事实密切相符的详细观点。物质动力学理论没什么不确定的，因为这种理论已经被大量实验证实了。

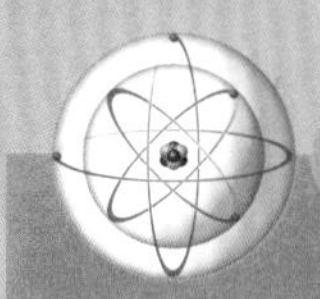



## 气体定律

动力学理论认为气态分子像微小的球体一样，撞到容器内壁就会反弹，这个观点成功地解释了气体的运动方式。

分子撞到容器内壁时，会以不变的速度和动能反弹回来，同时会推动容器内壁，这个推动的动作对内壁施加了压强。

当气体被挤进一个更小的空间时，分子在墙壁之间的运动所需要的时间变短了，所以会更加频繁地在墙壁间来回反弹，这就解释了为什么气体受到压缩、体积缩小时，产生的压强更大。

▲ 大黄蜂军用飞机可以超声速飞行，我们周围分子的飞行速度也是如此之快。

## 近距离观察

### 原子的大小

常见原子的直径只有约一厘米的百亿分之三，几百亿个原子放在一起也就只有本书的句号这么大，但原子的体积大小不一。最大的原子是铯，直径大约为一厘米的百亿分之五；最小的原子是氢，直径约为一厘米的百亿分之零点九。

◀ 用显微镜将金属钯的原子（图中白色小点）放大一千万倍。

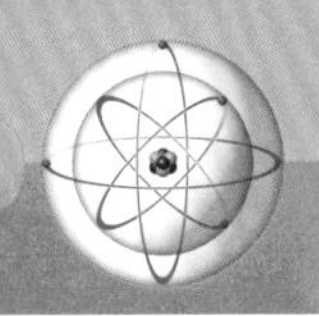

▶ 一些气体受到压缩时，体积减小，压强上升，因为原子与容器内壁的碰撞更加频繁。

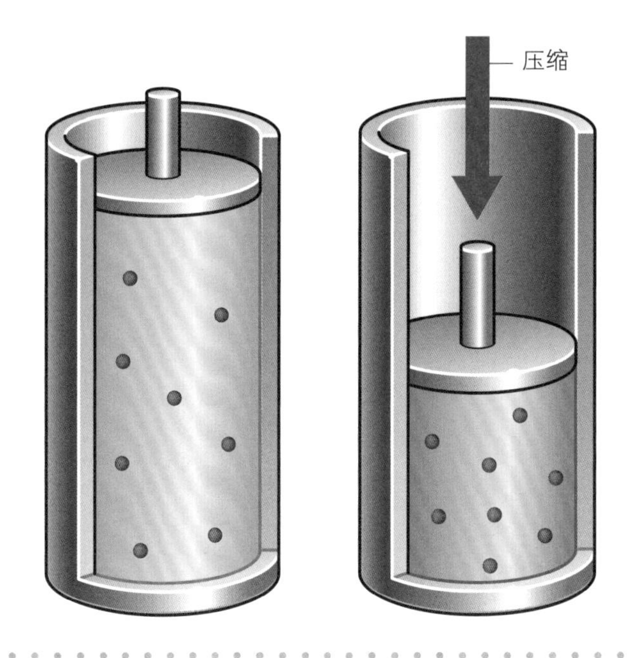


▼ 气体分子的动能由多种因素构成。在平移运动中，分子本身也会扭曲、翻转。

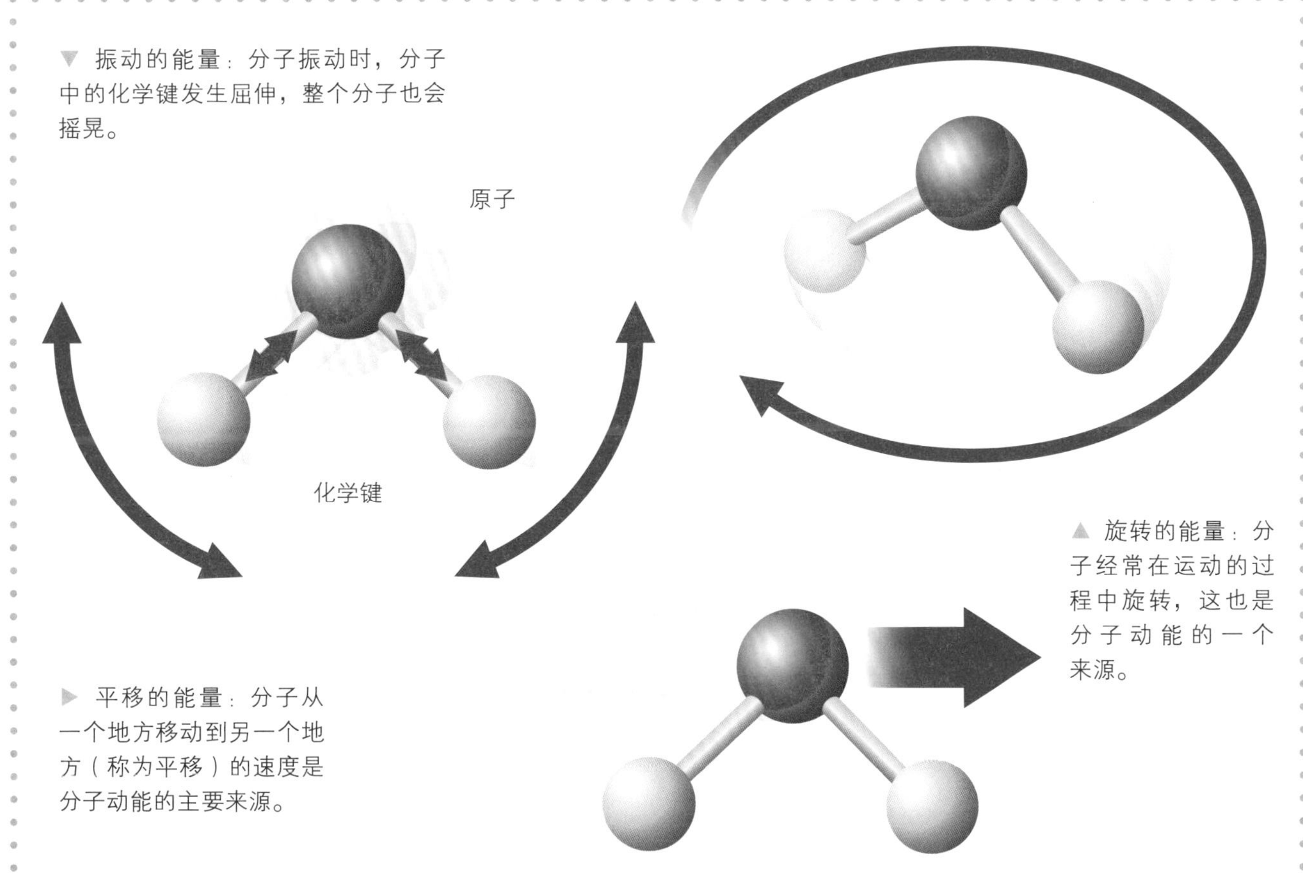


▼ 振动的能量：分子振动时，分子中的化学键发生屈伸，整个分子也会摇晃。

▲ 旋转的能量：分子经常在运动的过程中旋转，这也是分子动能的一个来源。

▶ 平移的能量：分子从一个地方移动到另一个地方（称为平移）的速度是分子动能的主要来源。

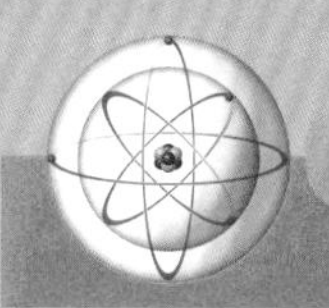

如果气体分子加速运动，气体的压强也会增加，因为分子从内壁反弹回来时给内壁施加了更大的压强。动力学理论告诉我们，气体分子的平均运动速度会随着气体温度的升高而加快，因此气体压强会随着温度升高而增大。气体体积、温度、压强之间的关系叫作气体定律。事实上，这些定律只能完美适用于理想气体。这种理想气体有以下三个特点：

- 相较于周围空间，气体分子的体积特别小，小到可以忽略不计。
- 分子撞击容器内壁回弹时，不会损失任何能量，因此气体的全部动能完全不会损耗。
- 分子之间不会互相吸引，分子不会被容器内壁吸引。

## 关键词

- **能量**：让物体发生变化的能力，比如给物体加热、改变物体的形状、让物体移动。
- **动能**：物体运动时携带的能量。
- **分子运动论**：从原子与分子的运动中，研究热量流动和变化的过程。
- **分子**：能独立存在的最小粒子，由原子键合后组成。

## 历史故事

### 分子运动论先驱

17世纪英国科学家艾萨克·牛顿（1642—1727）认为，气体运动是因为气体中的粒子互相排斥，即便粒子并没有接触到也会互相排斥。1738年，瑞士科学家丹尼尔·伯努利（1700—1782）却认为，气体的压强只源于气体粒子和容器内壁的碰撞，这个观点是正确的，但直到英国科学家约翰·赫帕斯（1790—1868）复现这一现象时，伯努利的这个观点才受到人们的关注。可即便此时，科学界也普遍不认同分子运动论，后来英国物理学家詹姆斯·普雷斯科特·焦耳（1818—1889）以实验证实了这个观点，苏格兰物理学家詹姆斯·克拉克·麦克斯韦的翔实数学计算也佐证了这个观点。

▲ 图中是科学家丹尼尔·伯努利的肖像。伯努利在流体（液体和气体）研究方面功勋卓著。

### 温度和热量

分子的不断运动与我们所知的温度有关。一个物质越热，它的分子运动得就越快。当物质冷却时，它的分子移动得会越来越慢。两个不同温度的物体相遇时，较热的物体会降温，较冷的物体会升温，较冷物体的分子开始更快地移动，较热物体的分子移动速度就会变慢。热物体的分子移动速度较快，冷物体的分子移动速度较慢，动能就是从热到冷、从快到慢传递的。

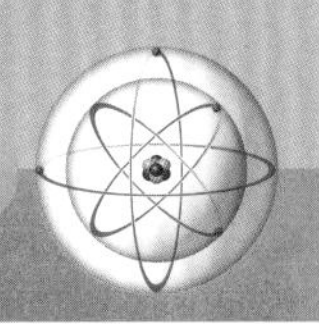

◀ 生物样本放进液氮中可以快速降至非常低的温度。液氮温度极低，约零下200℃。人类精子使用液氮冷冻后，用于日后的生育治疗，让想要孩子的夫妇成功怀孕。

动能的传递过程叫作热量的流动。热量的流动不仅是由温度变化导致的，还可以让温度产生变化，也就是热的物体变冷，冷的物体变热。但据前文所述，流动的热量也会导致其他变化。例如，气体在一个封闭的容器内，当容器受热时，气体会变热，压强也会变大，但如果气体可以自由地碰撞，离开容器，那么加热就会让气体膨胀，而不会增加气体压强，所以热量可以让气体膨胀，也可以增大气体的压强，也可以提高气体的温度。

流动的热量也可以改变物质的状态，也就是让物质变为固态、液态或气态。冰块漂浮在一杯热的苏打水中时，热量会从苏打水流进冰块中，冰块的温度低于熔点0℃时，热量会持续加热冰块。冰块达到熔点时会开始融化成水。冰块在融化的过程中，温度会保持在0℃。在固体因加热变为液体的过程中，固体的温度不会变化。同样，水沸腾时，热量流进水中，让水变为水蒸气，水和水蒸气的温度始终保持在100℃，直到水全部转化为水蒸气。

▼ 冰被水流雕刻出曲线，水流温度比冰略高，所以会让边缘的冰融化。

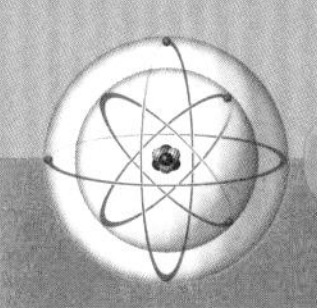

# 工具和技术

## 测量温度

化学家和其他科学家需要得到准确的温度，因此发明了温度计。玻璃温度计十分常见，管状玻璃中含有一根细细的水银柱。水银受热膨胀，水银柱的顶端会沿着玻璃管前进，停在某个温度刻度上。科学家还可以利用温度对电路的影响来测量温度。通常情况下，电流在温度低的电线中更容易流动，所以测量电线的内阻就能计算出温度。热电偶等仪器正是使用电线测量温度的，热电偶比玻璃温度计便宜、耐用，而且使用非常方便。高温材料会发射出颜色特别的光，比如电熨斗发出的红色光，高温计就利用了物质的这种性质。分析高温物体发出的光的颜色，就可以确定它的温度。

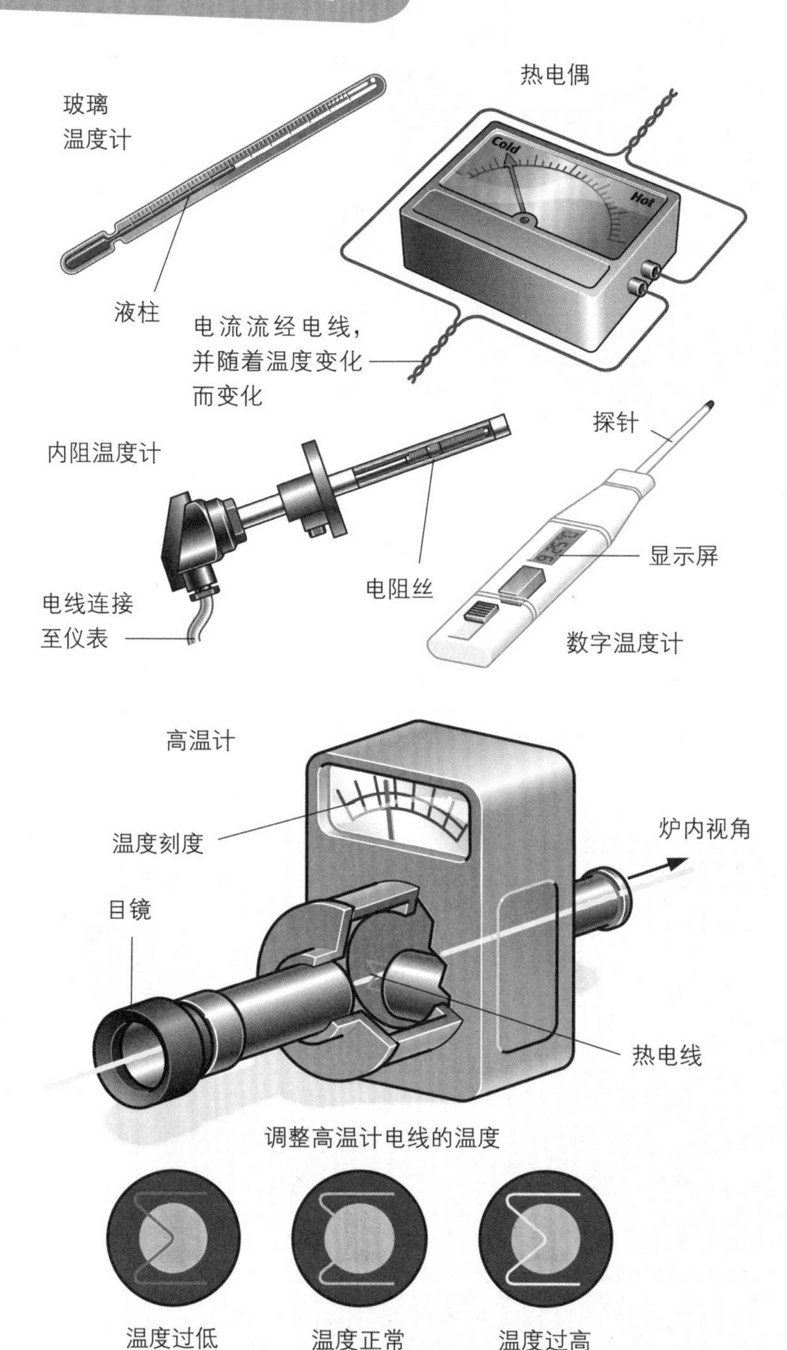


▶ 测量温度的仪器有很多。玻璃温度计是最常用的，但现在电子温度计开始逐渐替代玻璃温度计了。其中，高温计是通过检测高温、发光物体的光来确定温度的。高温计通过调整电线中的电流，让电线的颜色和高温物体的颜色相同，从而确定温度。

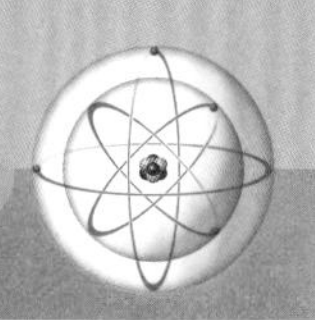

## 化学键和化学能

物体包含能量是因为它的分子在不停运动，组成分子的原子以特定的方式结合在一起也影响物质的能量。

原子在化学反应中结合在一起形成化学键，这些键可以很坚固，也可以很脆弱，而且两个原子之间可以超过一个化学键。化学键吸收能量时会断裂，因为能量进入后将两个原子拉开了。原子受热或与另一个原子接触，才会让旧键断裂，形成新键。原子彼此分离后，能量还存在其中，所以原子重新通过化学键互相连接时，就会释放能量。因此，原子之间形成化学键时会释放能量，化学键断裂时会吸收能量。实验室中的烧瓶受热，催生化学反应，能量进入反应的物质中。能量还可以通过辐射的形式被物质吸收，比如摄影胶片中的化学物质暴露在光线下时，会吸收以辐射形式传递的能量，于是胶片中的化学物质发生反应，从而呈现图像。

▼ 发射火箭进入太空需要消耗大量的能量，这些能量来自储存在火箭燃料的化学能，随着燃料的燃烧而释放出来。

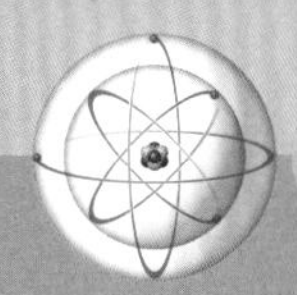



## 放热反应和吸热反应

放出热量的化学反应叫作放热反应(exothermic)，这个词源于希腊语，“exo”意为向外的，“therme”意为热量。化学反应不仅可以通过热量释放能量，而且可以以光、声音、运动、电流等方式释放。

气体或木头燃烧就是一种放热反应，热量从火焰中以热辐射的形式释放出去，部分热量进入灰烬、烟尘和周围的空气中，同时也会有部分热量进入未燃烧的燃料，让这种反应持续下去。

烟花发出的响声、火焰、火花的颜色都来自放热反应。

同理，吸收热量的反应叫作吸热反应 (endothermic)，这个词也源于希腊语，“endo” 意为往里的。植物生长时会吸收来自太阳的能量，这个过程叫作光合作用，也是一种吸热反应。碳酸钙（石灰石）分解为氧化钙（石灰）和二氧化碳需要热量才能进行，所以这也是一种吸热反应。

## 关键词

- **键：** 原子之间的化学链接。
- **吸热反应：** 反应物质吸收热量的反应。
- **放热反应：** 反应物质放出热量的反应。
- **热量：** 温度差异引发的、流动的能量。
- **生成物：** 在化学反应过程中生成的物质。
- **反应物：** 在化学反应中发生反应的物质。
- **热力学：** 研究热量和其他形式能量转化规律的学科。

▼ 玉米是一种生长快速的谷物，它利用太阳光的能量，将水、二氧化碳和氧合成葡萄糖。这种吸热反应离不开玉米本身复杂的“化学设备”。

### 热力学第一定律

能量守恒定律是人类已知的最为基础的定律之一。能量守恒定律表明，在所有化学、物理变化中，物质总的能量永远不变。这意味着，在化学反应中，分子的全部动能、化学键的全部能量、反应所用的光和热，在反应前和反应后都是恒定不变的，不会减少，也不会增加。能量守恒定律是热力学的基石，探讨的是热量与其他形式能量的关系。能量守恒定律往往被称为热力学第一定律也正因如此。

# 2 热量与化学反应

在化学反应过程中，物质会发生变化，储存的能量也会发生变化，这些变化为反应提供所需的能量。

研究化学反应过程中吸收、释放的能量是化学家的重要课题。吸收、释放的热量的总和叫作反应热量。为计量反应热量，科学家会使用热量计。

## 计量反应热量

热量计有很多种，一种叫作弹式热量计，这种热量计非常坚固，将反

我们从食物中获得能量，食物的卡路里越多，产生的能量就越多，巧克力就含有很多能量。

## 工具和技术

### 使用弹式热量计

在弹式热量计中，物质在有氧环境下燃烧，同时观察燃烧产生多少热量。实验时，给实验物质称重，然后放在热量计中，将氧气压入热量计中，用电火花引发燃烧反应。热量计密闭的内壁阻止热量逃逸出去，同时使用一个搅拌棒搅拌热量计周围的水，让水温均匀分布。

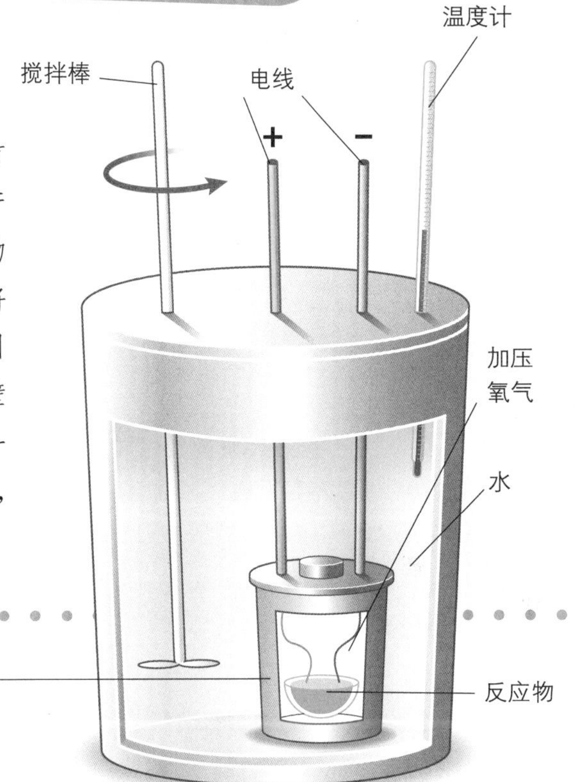


▼ 食物外包装上提供了食物热量表的信息，也就是这个食物在身体内发生化学反应时会产生多少能量。

应物像炸弹一样包裹起来进行实验，因此这个仪器必须能够承受住反应过程中可能产生的高压。弹式热量计放在水中，里面的反应物在反应时会释放热量，让水升温；或者吸收热量，让水冷却。同时，仪器会测量反应前后水的温度，如此就能计算出反应时热量变化的总量，温度变化越大，反应热量越多。

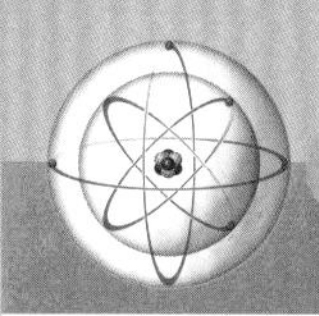

## 工具和技术

### 咖啡杯热量计

两个发泡聚苯乙烯杯子叠在一起，盖上盖子，就可以用作一个简单的热量计。发泡聚苯乙烯隔热性能好，让热量不容易穿过，所以很多杯子用这种材料来给咖啡保温。实验人员将实验物质放进杯中，充分混合，根据不同的目的，实验人员可以测出这些物质在不同温度时反应物、固体或液体的量，然后从穿过盖子的温度计上读取杯子内部的温度。

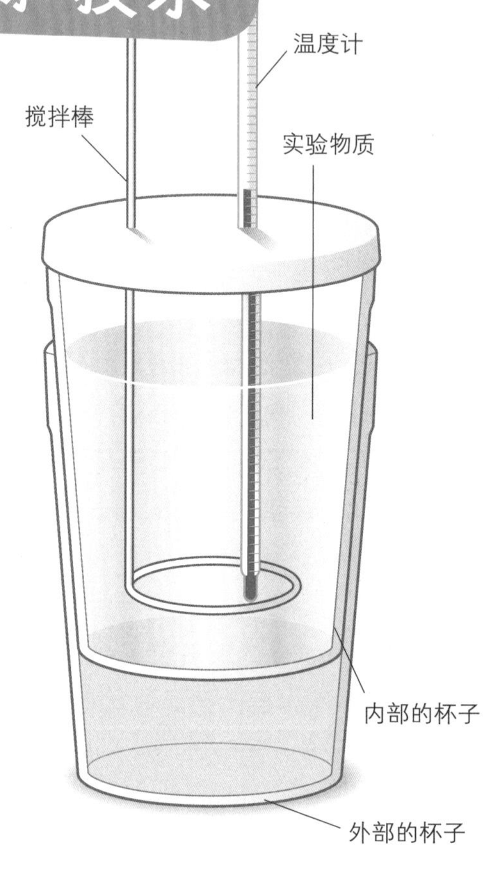


▶ 如果对实验精确度要求不高，那么可以用聚苯乙烯杯轻松制成热量计。

还有一种热量计叫作火焰热量计，这种热量计可以用于测量发生燃烧的化学反应。其他的热量计也分别用于特定的化学反应，比如酸碱混合在一起时就会互相中和，这种反应也有对应的热量计。

### 热量、其他形式的能量和膨胀

假设化学反应发生在一个绝对密闭的容器内，那么反应物的体积就是恒定不

## 近距离观察

### 热容量

为了计算化学反应释放或吸收的能量，化学家需要知道热量计自身释放或吸收了多少热量，因此实验人员首先需要确定热量计的热容量。一个物体的热容量是指将其温度提升1℃所需要的热量。实验中温度的变化会让热量进入或离开热量计，这样的温度变化会增加热量计的热容量。

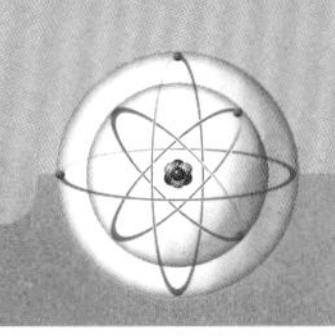

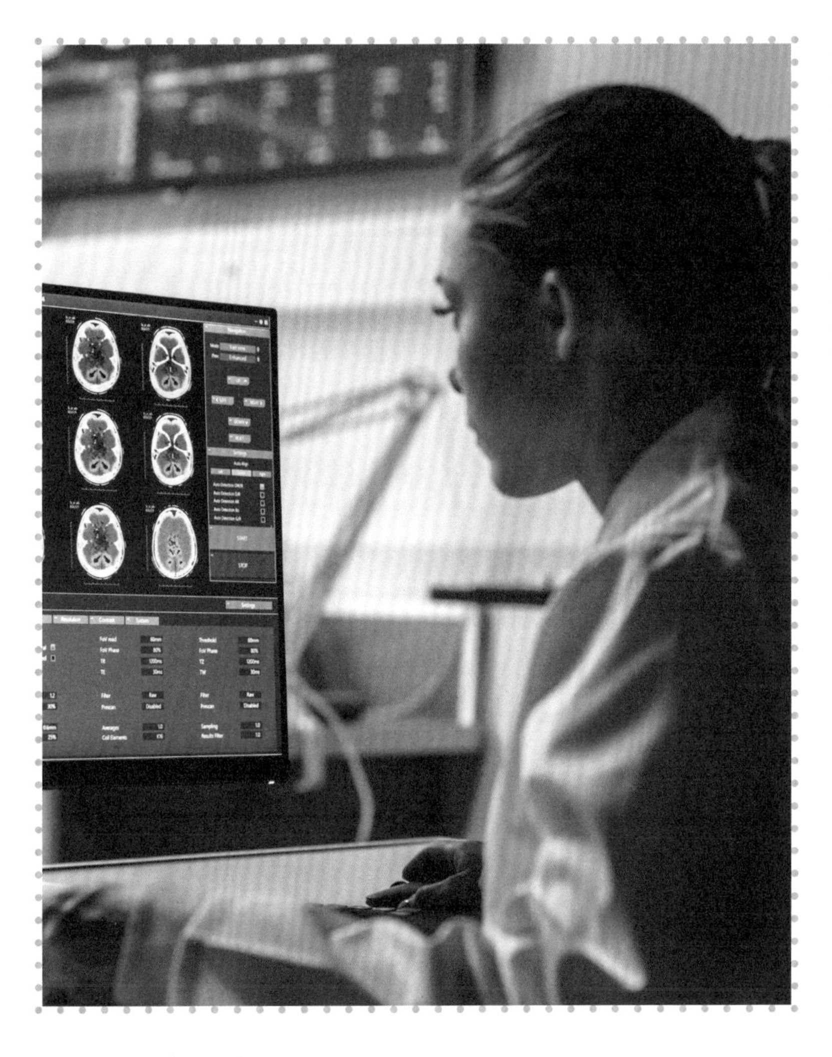

▲ 科学家用计算机分析现代热量计提供的海量数据。

## 关键词

- **热量计**：准确计量释放或吸收的热量的仪器
- **热容量**：物体温度升高（或降低）1℃所吸收（或放出）的热量
- **比热容**：单位质量的某种物质温度升高单位温度所需要的热量

变的。反应生成气体和能量，一部分能量以热量的形式传递，所以生成物的温度会上升，而其他的能量存储在生成物的化学键中。

如果同样的反应发生在敞开的容器内，生成物的温度只会略微升高，那么消失的那部分能量去哪里了呢？反应产生的气体会膨胀，与周围空气产生的压强相互冲突，在这个过程中消耗了能量，因此转化成热量的能量就更少了。受热的气体膨胀，推动周围空气时，也会将一些能量传递给空气中的分子，所以能量并没有消失。相较于气体，固体、液体发生变化时，体积变化很小，所以固体、液体膨胀时损耗的能量不容易被察觉。

### 做功

加热的气体发生膨胀，科学家将这一运动称为做功。只要一个力推动了某样东西，那就是在做功。功的总量是通过力的大小乘以力移动的距离来计算的，比如你

▶ 我们扔球时，我们肌肉中发生化学反应会将存储在身体里的能量转化为动能，这样球才会被扔出去。

# 近距离观察

## 开放、关闭、孤立的系统

化学中所说的“系统”一词表示化学家正在处理的东西。在化学反应中，系统包括反应物、生成物、产生的能量，往往也包括容器。系统有很多类型：

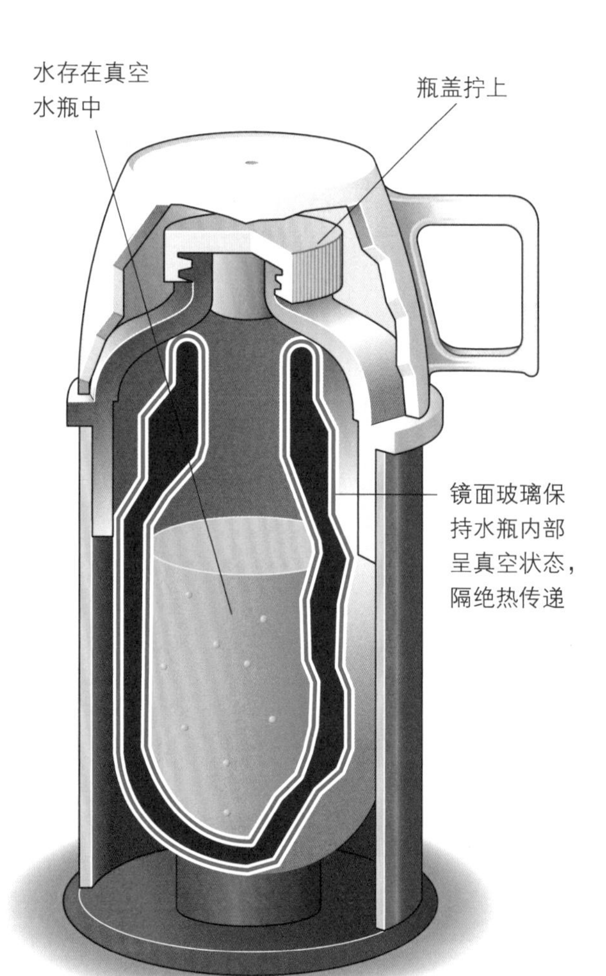


• 开放系统是指物质和能量可以自由地在系统和环境之间流动的系统。一个装有反应物的开口水瓶就是一个开放系统。

• 在关闭系统里，物质无法在系统和环境之间交换，但能量可以。一个闭口的水瓶就是一个关闭系统，因为热量可以穿过水瓶，而物质不可以。

• 在孤立系统里，能量和物质都无法进入或离开，完美的孤立系统是不存在的，我们平常会遇到的最接近完美孤立系统的是真空水瓶（左图和下图），但热量也在缓慢地进入或逃离水瓶。

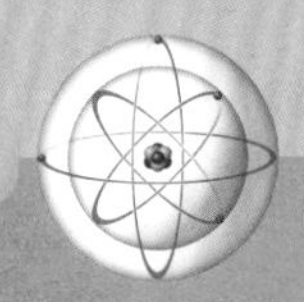

把一本厚重的书从地板拿到桌子上，那么你就对这本书施加了一个力，让这本书从地板移动到桌面上（需要克服重力）。

做这个功所需要的能量是由你肌肉中的化学反应提供的。你身体中有些化学能量已经用来做功了，做功也可以催生其他能量。你扔保龄球时，在脱手前，你手上的力会让保龄球移动一段距离，你的身体正在做功，给保龄球施加了一个动能。

## 势能

动能是一种形式的能量，热量也是一种形式的能量，还存在另一种能量，叫作势能。物体因为自身的位置或结构而具有势能。当你把一本书放在桌子上时，书就有了势能。事实上，这本书获得的势能等于你把它拿到桌子上做的功。势能可以转化成其他形式的能量，比如这本书从桌子上掉下来，其中的部分势能就会转化成动能。受到拉伸的橡皮筋也拥有势能，你松开橡皮筋，它就会迅速回到原始的长度，同时势能转化为动能。

化学能量也是一种势能，这种势能存储在化学键中，发生化学反应时可以转化为光、热、声音或动能。电势能也是一种重要的势能，正是这种势能让电流流动。

势能转化为其他能量时会减少，通常来说，一个物体总是倾向于丢失自己的势能。例如，一个放在山顶的油桶滚下山坡后，它的势能肯定比在山顶时低。同样，

▶ 很多人空闲时间会去健身房举哑铃。从科学角度来看，这些都是在做功。我们移动一个物体时，我们就在做功，比如克服重力将哑铃举起。

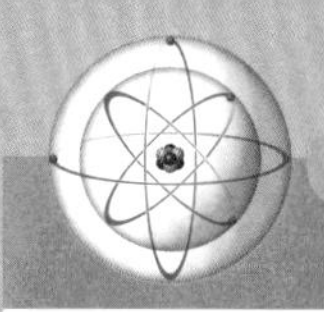

## 试一试

### 对比热流失

材料：真空水瓶、水壶（最好是带盖的，或者用一块布盖住壶口）、一个温度计。

做这个实验时，用温水就行，别用开水。

第一步：往水瓶和水壶中倒入温水，静止几分钟后倒出。

第二步：往水瓶中加温水，再倒进水壶中，把水壶盖子盖上；往水瓶灌温水，拧紧瓶塞。水瓶和水壶中的水要一样多，这样对比才公平。

第三步：在20分钟、40分钟和60分钟时，测量并记录两个容器中的水温，将温度计放入容器中维持30秒，从而得到准确的温度。每次测量完都要快速盖上两个容器的盖子。

▲ 每隔一段固定时间，使用温度计测量水瓶和水壶中的水温。

在水瓶水温数值旁边写上“孤立系统”，水壶水温数值旁边写上“关闭系统”。你也可以画一张温度随时间变化的曲线图。接着，重复上面的实验步骤，但这一次不盖水壶的盖子，在这个水壶水温数值旁边写上“开放系统”。同样，你也可以画一张水温随时间变化的曲线图。

▲ 使用真空水瓶给水壶添加热水，让真空水瓶和水壶水量相等。

实验完毕后，你应该会发现没盖盖子的水壶流失温度的速度最快，因为它是一个开放系统，其中的能量和物质能够在系统和环境之间交换，一些水分子逃逸到空气中，带走热量。盖上盖子的水壶是一个关闭系统，温水留在里面，所以热量流失的速度比没盖盖子的水壶慢。真空水瓶近似是一个孤立系统，这样设计是为了让热量缓慢流失，水瓶的瓶塞阻止水蒸气逃逸，因此你会发现水瓶中水的热量流失得最少。

如果生成物的化学能量少于反应物，那么化学反应就很可能发生。生锈也是一种化学反应，并且会释放很多能量。这种反应的生成物是水合氧化铁，由铁、氧、水构成。水合氧化铁的势能比它的反应物要少很多。生锈过程虽然释放能量，而且不需要热量来开启，但反应的速度很慢。如果和油桶滚下山坡相比，生锈释放的能量可能相当于油桶滚过淤泥。

▶ 弹弓上的橡皮带受到拉扯时会将势能存储起来；松手时，势能转换为动能，将物体弹飞出去。

▶ 一个物体滚动到山脚下后，势能比在山顶上少。很多化学反应发生后，反应物也会失去能量。

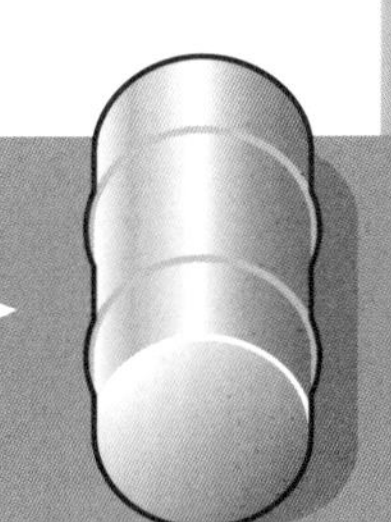

## 化学在行动

### 汽车电池

化学反应可以释放或储存电能，因为电能可以流入化学反应的物质，也会从这些物质中流出。汽车静止时，电池利用化学反应为车灯和收音机提供电能，电能被转换成光和声音。汽车充电时，连接到发动机上的发电机驱动电流以相反方向流过电池，逆转电池中的化学反应，储存能量以备日后使用。

▲ 汽车电池可以充电，静止时电池给车灯和收音机提供能量，行驶时用掉的电能也会得到补充。

### 让反应发生

虽然化学混合物在变化形态时会失去能量，但这种变化过程在没有外界干预时可能也不会发生。如果油桶竖立在山顶，就需要推倒后才能开始滚动。如果油桶躺在一个浅浅的凹坑里，那么就需要把它推离凹坑才能开始滚动。

能量输入

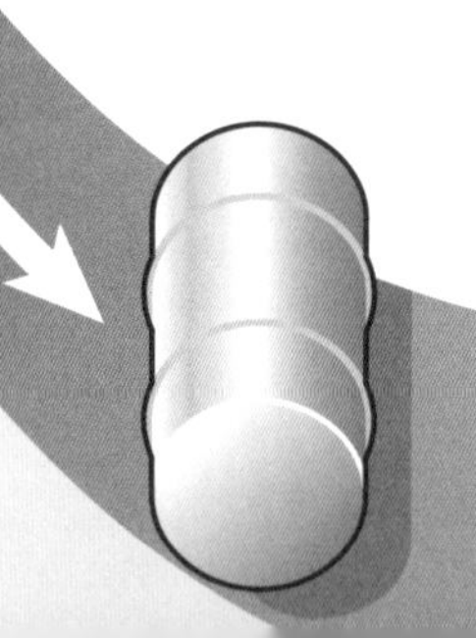

▶ 这个滚动的物体要离开凹坑，然后再滚下山坡，所以它需要能量让它开始滚动。同理，很多化学反应需要吸收能量才能开始，尽管反应发生后会释放出更多的能量。

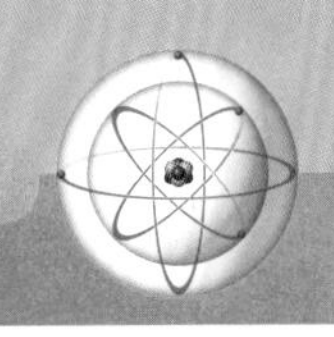

必须用火花或火焰才能让木头燃烧起来。

纸张燃烧是一种化学反应，就像生锈一样会放出很多能量，而且这个生成物的能量少于反应物的能量，减少的能量会以热量的形式释放出去。但纸张不会自己燃烧，而是需要外界的干预（比如一根点着的火柴或者其他产生热量的东西）才会燃烧。这就相当于推动躺在浅坑里的油桶，让它滚落山坡。

## 吸热反应

生成物能量多于反应物的化学反应需要吸收热量才能进行。急救包里的冰袋就应用了这种反应。冰袋在使用时才会迅速降温，压在患处能够缓解疼痛，减轻肿胀。这种快速冰袋的外层里装了硝酸铵，里层是一层较柔软的塑料，装满水。如果用力打击或挤压外层包装，里层包装破裂，水就会与硝酸铵混合在一起。硝酸铵溶于水后快速吸收大量的热，让冰袋表面温度降至0℃。

在这种吸热反应中，溶解过程后的生成物将更多的能量储存在化学键中，因此能量比反应物还要多。额外的能量是从反应物和周围环境中吸收来的，同时降低了反应物和环境的温度。尽管相比反应物，生成物获得了能量，但总的能量既没增加，也没减少，这符合热力学第一定律。从外界环境中吸收的能量被生成物存储在化学键中，成为它的化学能量。

## 近距离观察

### 吸热过程

大多数反应会释放热量，但有些却吸收热量，以下是吸热反应的例子：

- 冰块在玻璃杯中融化，吸收周围液体的热量。
- 盘子里的水会在几天内蒸发为水蒸气。液体吸收周围的热量，水分子会逃到周围空气中。不稳定液体（比如酒精）比水蒸发得更快。
- 食盐溶于水时也会吸收热量，其他很多物质溶解时也会吸收热量。

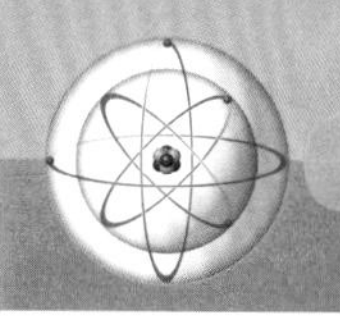



# 近距离观察

## 电磁辐射

化学反应可以产生或吸收多种形式的辐射能量，光辐射与热辐射是电磁波谱的一部分，电磁波谱比可见光谱宽很多，可见光谱中的颜色都反映在彩虹中。电磁波谱包括所有不同形式的电磁辐射，这些辐射按照各自的波长（从一个波峰或波谷到下一个波峰或波谷的距离）来排布。在电磁波谱的一端是无线电波，波长可超过1.5千米；波谱的另一端是伽马射线，一种核反应释放出来的高能波。在化学反应中起至关重要作用的电磁辐射主要有以下几种：

- 可见光：许多化学反应可以产生可见光，包括爆炸的烟花。发光虫和萤火虫发出的光也来自它们体内的化学反应。光可以引起化学反应，化学反应也可以发出光。
- 红外辐射：波长比可见光更长，与光一样，可以穿过空间。
- 紫外辐射：波长比可见光短，会导致人体皮肤灼伤、晒黑。

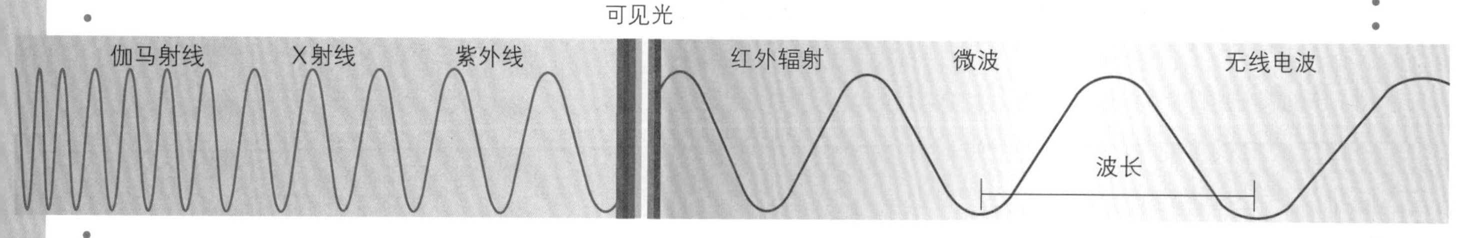


▲ 在电磁波谱中，伽马射线具有最高的能量和最短的波长（约一千亿分之一毫米长）。无线电波的波长大约是伽马射线的一百万倍。

## 内能与焓

一个物体包含的全部能量叫作内能，包括这个物体内部所有粒子的动能和化学键中的所有势能。在反应过程中，如果物体释放或吸收热量，这个物体的内能会对

▶ 扭伤的手腕正在用冰袋冰敷。冰袋中正在发生吸热反应，吸收周围的热量。

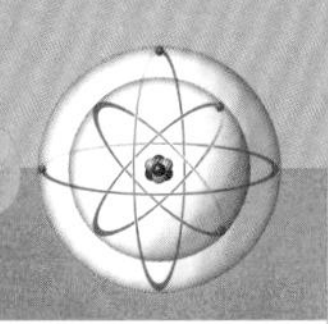

应减少或增加。化学家用“焓变”一词来形容反应过程中的内能变化。如果物体发生化学反应时压强恒定（比如在标准大气压下），焓变就等于反应物和生成物内能的增减。焓的计量单位和能量一样，即焦耳。如果一个化学反应是放热反应，那么这个反应的焓变就是负数，因为生成物的能量比反应物的少。同理可知，吸热反应的焓变是正数。例如，1克水蒸发时焓变是2.26千焦（1千焦等于1 000焦耳）。水蒸气凝结成1克水时，其焓变是负2.26千焦。

## 盖斯定律

盖斯定律由俄罗斯化学家盖斯（1802—1850）提出，盖斯定律表示化学反应过程中的焓变不受反应路径影响。如果A物质经过两个不同化学过程转变成B物质，那么每个过程中能量变化的量相加后必然等于总能量变化的量。盖斯定律其实是另一个版本的能量守恒定律，因为如果每个过程中能量变化的和不等于总能量变化的量，就意味着反应过程中反应物生成或丢失了一部分能量。

▲ 加热水时，水的能量增加，所以焓变为正。

### 关键词

- **电磁辐射：** 电磁波谱中的一部分辐射，比如可见光、热辐射、紫外辐射。
- **焓变：** 压强恒定的情况下，物质在任何化学反应过程中都会发生的内能变化。
- **内能：** 一个系统中所有粒子含有的全部动能，加上所有化学能。
- **势能：** 物体因自身位置或结构所具有的能量。
- **自然反应：** 不需要外界事物来引发，自己自动发生的化学反应。
- **波长：** 从一个波峰到下一个波峰的距离，或者从一个波谷到下一个波谷的距离。

# 3 熵与自由能

能量能够推动化学反应，熵的作用也是如此。虽然我们不太了解熵，但它却无时无刻不在影响着我们的生活。

是什么让化学反应自然而然地发生？在前几章，我们了解到很多反应会释放能量，但并不是所有反应都释放能量，同样也不是所有释放能量的反应都自然而然地发生。为了解释哪些反应自然发生、哪些反应不自然发生，我们需要观察另一个推动化学反应的重要因素——熵。

熵导致了水分蒸发，在湖面上形成水雾。

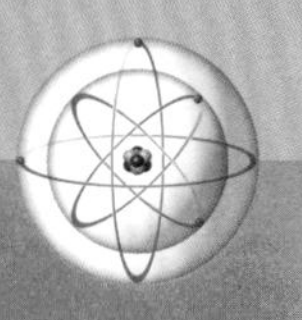

熵

熵和无序性相关。为了更好地理解熵，我们假设一个密闭容器中充满了气体，一个隔板将容器一分为二，其中一半（A容器）中的气体处于正常大气压状态下，另一半（B容器）完全真空。此时，如果在隔板中间开一个口，会发生什么？

我们能想到的是A容器中的气体会迅速传播进B容器中，直到两个容器中的压强达到同一水平。同理，常识告诉我们，屋子里的空气不会偶然间汇聚到某个角落，一直待在那里。

容器中间的隔板开口后，气体的分子会随机地游走进A容器或B容器。这个现象并不违反任何物理定律，比如能量守恒定律。分子处于不断运动中，分子可能会填满沿路的空间。如果气体都拥挤在容器中的某个地方，那我们就自然地认为存在一个力在吸引分子，就好像如果我们看见公园里的人都聚在一个地方，那我们就自然地认为发生了某件事把他们吸引过去了。

所有分子都按一定规律汇聚在一个地方，就称为有序状态；分子都均匀地随机分散在空间内，就称为无序状态，或者说非特殊状态。

▼ 两种不同的气体分别存储在容器中（如图1），当隔板被拿走时（如图2），气体开始扩散到另一空间中，熵增加。最终，气体在整个过程中混合得更加均匀（如图3）。

熵衡量的就是无序状态，所以分散开来的、无序的气体的熵远大于汇聚在一起的气体，气体倾向于从高度有序的状态变为无序的状态，因此熵倾向于增加。我们发现每天的生活也是如此，鞋带总是会松开，但绝不会自己系好。人要费力地收拾，卧室才能变得干净，但不怎么费劲就能把它弄得很乱。所以，和能量不一样，宇宙中熵的总量一直处于逐渐增长的过程中，虽然一些时候，在一些地方，熵会短暂地降低，但增长的总体趋势不会改变。

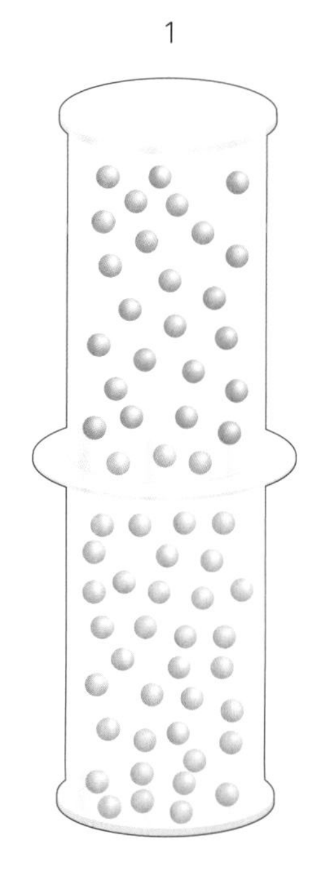


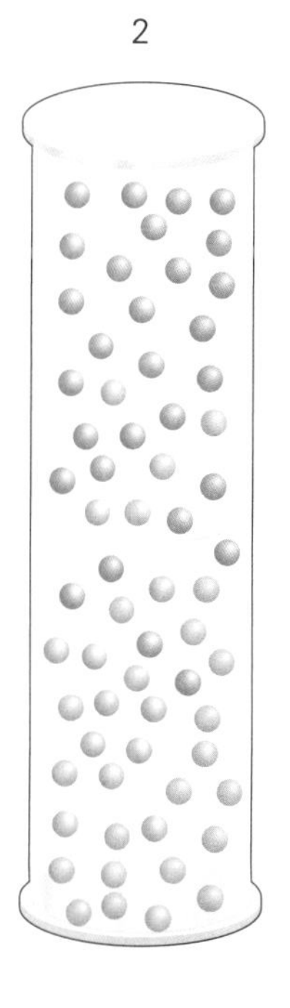


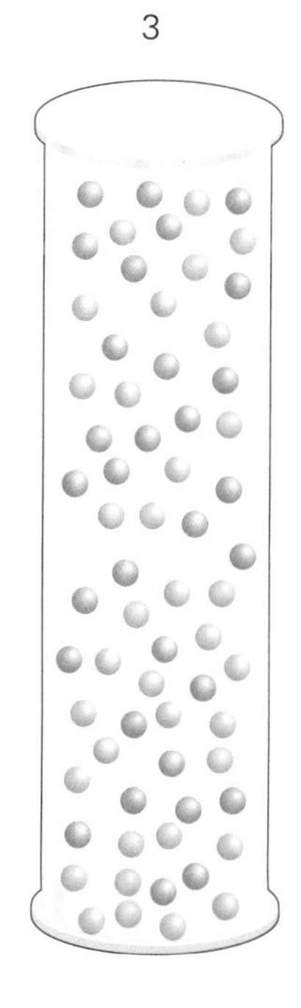

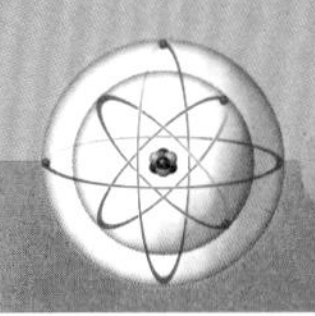


# 试一试

## 不成立的可能性

为了更好地理解熵这个概念，你可以试着计算少量气体分子全聚集在半个容器中的可能性，也就是A容器和B容器。假设容器中只有4个分子，如果你在某个时间检查分子的位置，你可能会发现3个在A容器中，一个在B容器中，你可以写作AAAB；你也可能发现第一个和第三个分子在A容器中，第二个和第四个在B容器中，那么你可以写作ABAB，以此类推，这些就是气体的微观状态。

首先，写下四个分子在两个容器中所有可能的微观状态，共有16种：AAAA、AAAB、AABA、AABB、ABAA、ABAB、ABBA、ABBB、BAAA、BAAB、BABA、BABB、BBAA、BBAB、BBBA、BBBB。现在统计一下这16种微观状态：

- 所有分子都在同一个容器中的状态数。
- 3个分子在一个容器中，一个分子独占一个容器的状态数。
- 两个容器中的分子数量相同的状态数。

你会发现所有分子都在同一个容器中的状态（AAAA或BBBB）只有两个，可能性是1:8。3个分子在一个容器中，一个分子在另一个容器中的状态有8个；每个容器中都有两个分子的状态有6个。后两种状态加在一起是14个，也就是说在任意时刻，分子是大致均匀地分散在这两个容器中的，这个占比是7:8，远高于所有分子都汇聚在一个容器中的比例。因此，即便分子量很少时，气体全部挤在同一个容器中的可能性也都是近乎不成立的，在上百亿分子的真实气体环境中更是如此。气体均匀地扩散到已有空间内的可能性极大。



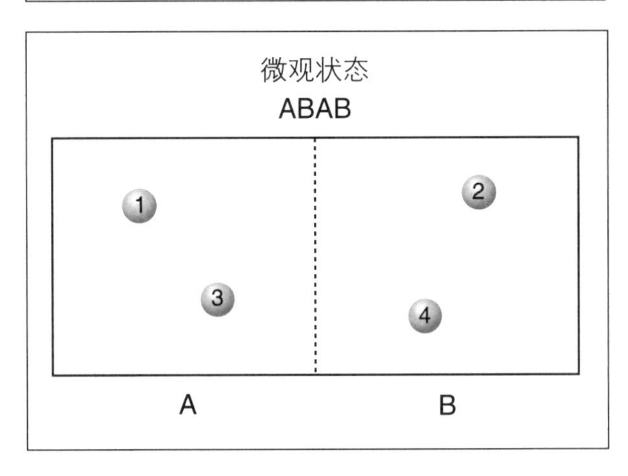

## 熵与能量

熵在很多过程中会不断增加。液态水蒸发时，水分子离开液态水，移动到上方的空气中。相比于在液态水中，此时的水分子处于更加无序的状态中，所以整个系统的熵就增加了。

水分子在液态水中时，分子相互吸引，都会聚在一起。一个分子离开液态水时会做功，与这种吸引力抗争，因此水分

▶ 如我们所见，液体留在敞开的盘子中，最终会蒸发变为水蒸气，这是因为熵增的规律。

▼ 水分蒸发时，快速移动的分子会离开水体，让水温下降。这个过程需要吸收能量，这是由水分子蒸发导致的熵增引发的。水蒸气中的水分子比液体中的水分子更加无序。

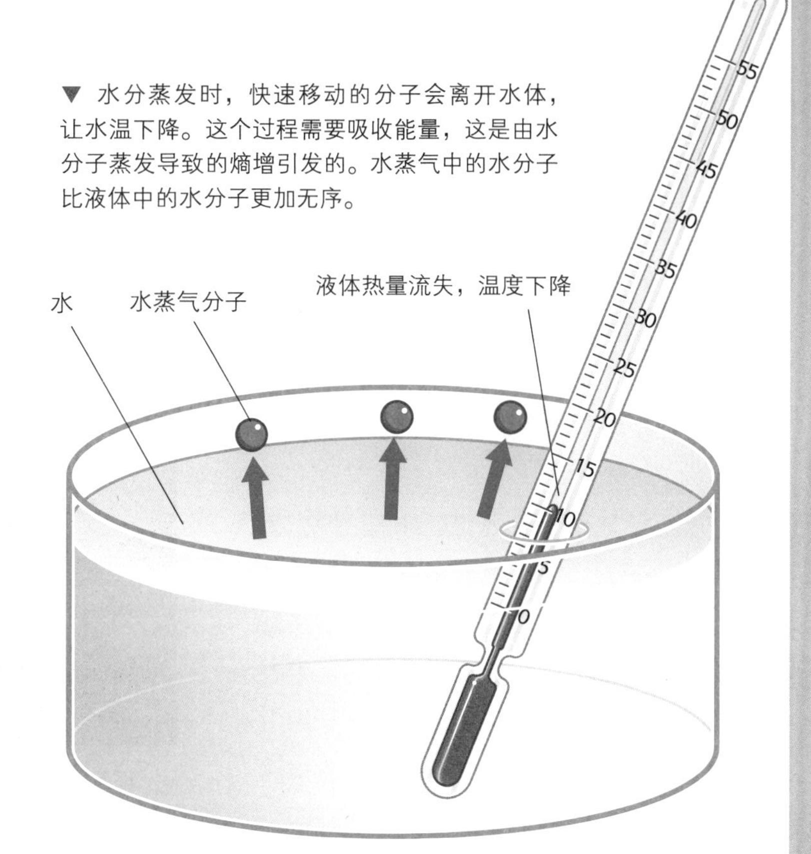


▼ 将衣服挂在温暖、微风徐徐的户外能够帮助衣服里面的水分蒸发，让衣服变干。

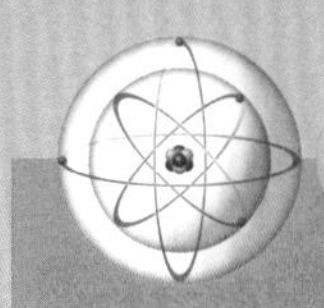



子需要更多的能量才能蒸发。离开的分子会吸收水中的能量，让水温下降。

在一些化学反应中，生成物中的气体比反应物中的更多，比如固体和液体混合在一起产生气体。在这些反应中，熵总是增加的。分子在气体中分散开来造成的无序状态要远远大于在固体和液体中。

### 吉布斯自由能

通过了解能量与熵可以准确地明白为什么一些反应能够自然发生还需要另一个定律——吉布斯自由能。这个定律以美国科学家威拉德·吉布斯的名字命名。吉布斯通过化学反应中的熵变和焓变，发现了一个方程，来预测某个化学反应是否会发

## 近距离观察

▲ 蒸汽发动机的锅炉中产生的水汽接触到空气时就会变成水蒸气，并产生翻腾的白色云团。

### 水蒸气和气体

水蒸气和气体的原子和分子都可以在大的空间内自由移动，所以这两个词代表同一物体，还是说二者其实并不相同？液体受热后，液体上方水蒸气的数量会增加，形成蒸气压，当这个压强升至和周围空气压强相同时，液体就会沸腾，变为气体。通常情况下，水的沸点是100℃，达到100℃时，它的蒸气压等于周围的空气压强，这时蒸发的水分子就会变成水汽，这是一种气体，在100℃之下，离开液态水的水分子组成的是水蒸气，而不是水汽。

◀ 威拉德·吉布斯（1839—1903）提出的重要科学观点现在称作吉布斯自由能。

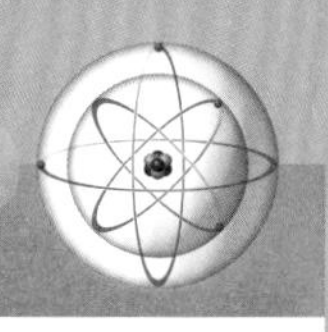

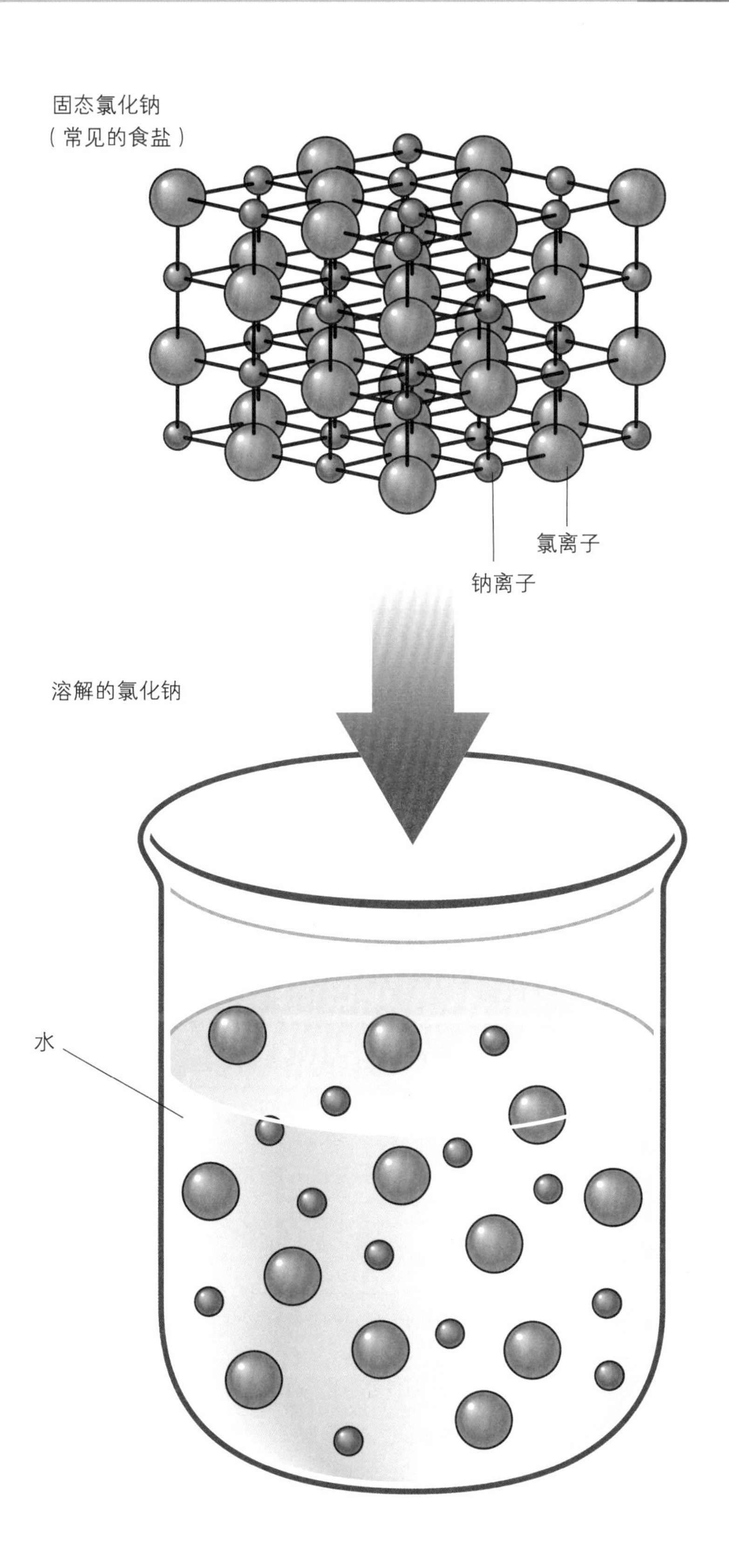


◀ 固体氯化钠（食盐）溶于液体时，它的熵会增加，因为固体粒子进入液体后导致更加剧烈的无序状态。

生，这个方程是

吉布斯自由能的变化=焓变－（温度 × 熵变）

换句话说，焓变减去温度乘以熵变才能得到吉布斯自由能的变化，只有吉布斯自由能减少（吉布斯自由能的变化值是负数）时，化学反应才会自然发生。所以即便焓变为正（吸热反应就是如此），熵变如果足够大，也能够让吉布斯自由能为负。这就是为什么有些吸热反应会自然发生。举个例子：溶质溶解进溶液时，熵会增加，虽然吸收了热量，但也能让吉布斯自由能为负。在这个例子中，熵增胜过了焓增。同理，放热反应导致熵减，那么放热反应就可能不会自然发生，因为熵减抵消了焓变。

## 热流

热量就像气体一样，会四处散布。如果一个热的物体和一个冷的物体接触，热物体的分子运动就会传递给冷物体的分子，这是因为热物体分子的平均动能高于冷物体的，所以当热物体的分子和冷物体的分子相撞时，一些动能会从热物体传递到冷物体中。因为这个规律，动能会逐渐

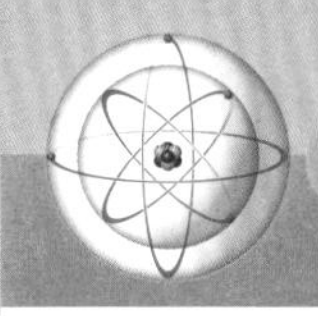

▲ 热力学第二定律告诉我们，热量总是会从热的物体传向冷的物体，这就是为什么大热天时舔一口冰淇凌是那么清凉。

从热物体传到冷物体上，也就形成了热流。热流从冷物体向热物体传递也并不违反热力学第一定律，因为能量不会凭空出现，也不会凭空消失，但就好像气体分子不可能只待在一个地方而不向其他地方散布一样，热流从冷的物体向热的物体传递在现实中是不可能的。

## 热力学第二定律

孤立系统是指不和周围环境交换物质或能量的系统。热力学第二定律表示，在一个孤立系统中，熵可能会增加，也可能不变，但绝不会减少。

一个真空水瓶虽然还会缓慢地向周围环境流失热量和能量，但也近似一个孤立系统。假设，我们往水瓶中添加一些热水，起初热水温度较高，水瓶温度较低，但这个温度差很快开始消失。热水会加热水瓶内壁，热水本身也会冷却一点，不同部位的热水温度存在些许差异，但这个差异很快就消失了，同时这个系统变得更加无序。最终，水和水瓶内壁处于同一温度，系统的熵也到峰值。

广义上来看，这一定律也适用于宇宙。例如，一群恒星作为一个系统，它的熵相对较低，因为相比于组成恒星的大量气体和尘埃，这个星系是高度有序的。但随着不断发展，恒星和其中的行星发出辐射能量，这些辐射能量扩散到宇宙空间中，加热星际间的气体和尘埃。温度的升高使得星际空间的熵增加了，也增加了整个宇宙中的熵。

热力学第二定律的另一种形式和能量无关，却和温度有关。这个形式的第二定律表示，热量永远不会自动从冷的物体流向热的物体。如果确实如此了，那肯定是存在某种力在驱动这个过程。这个形式的第二定律和与熵相关的第二定律差别很大，但就热力学原理而言，二者完

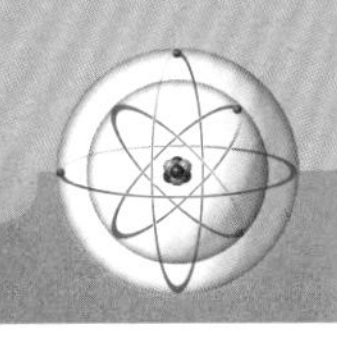

全一致。

以冰箱为例，热量通过冷却管，不断从冰箱里往屋内流动，屋内的温度当然比冰箱里高，但这种由冷向热的热量流动是由冰箱压缩机驱动的。

## 开放系统中的熵

我们身边的大多数物体是开放的，这些物体会和周围环境交换物质和能量，形成一个开放系统。在开放系统中，如果环境的熵在增加，那么这个系统的熵可能会降低。

比如生物的器官结构就是有序生长的，不可能是随机生成的。事实上，生物是由细胞中的基因（带有遗传信息）管理的。动物生长的过程包含大量的熵减，但动物排泄废物、散发热量到周围环境中，导致环境熵增，这种熵减也就在很大程度上被周围环境的熵增抵消了。

◀ 电能让冰箱内部温度下降，冰箱里热的食物的热量就会减退。

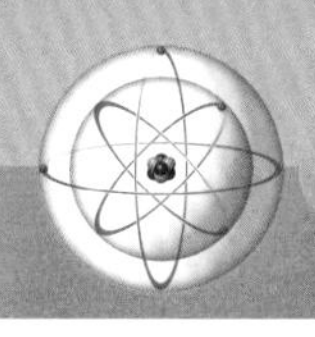



## 历史故事

### 詹姆斯·克拉克·麦克斯韦的小恶魔

▲ 詹姆斯·克拉克·麦克斯韦（1831—1879）是一位数学物理学家，他的学术成就在19世纪的科学界引发了一场革命。

19世纪的苏格兰科学家詹姆斯·克拉克·麦克斯韦曾提出一个著名的问题，这个问题可能打破热力学第二定律。他假设一个孤立的气体容器内部被一分为二，有一个小魔鬼可以打开、关闭这两个隔间之间的门。这个小恶魔允许快速移动的分子（热气的分子）穿过门从左往右移动，允许移动缓慢的分子（冷气的分子）穿过门从右往左移动，但会阻止其他分子穿过中间的门。这个实验的结果是热的气体会聚集在容器的右侧，而冷的气体在左侧。科学家观察这个实验时就会发现原来处于同一温度的气体自动分成冷、热两部分，热量从容器中冷的地方移动到温暖的地方，因此即便整个系统是完全关闭的，气体总体的熵还是会减少。那么如此说来，我们可以制造微小的机器或者说纳米机器人来充当小恶魔的角色，从而打破热力学第二定律？事实上这种设想并不可行。这个小恶魔是一个物理系统，会与周围的气体分子互动，因此在气体熵减时，它自身的熵会增加，包括小恶魔、气体在内的整个系统的熵也会因此增加，这也就符合了热力学第二定律。

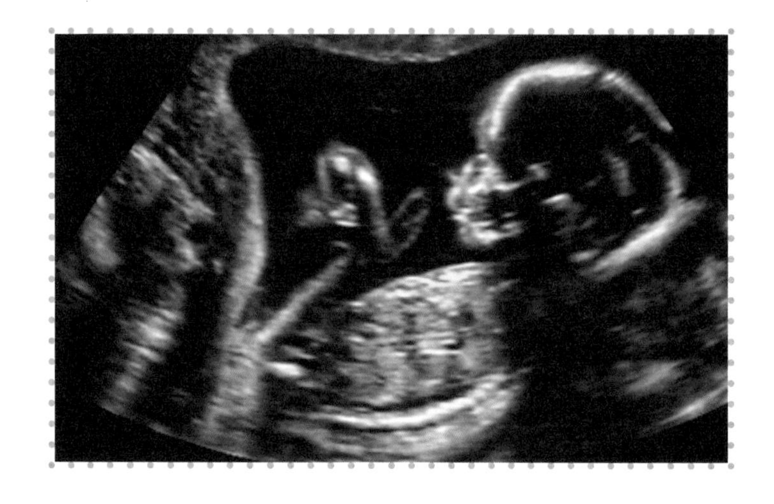

▶ 医生使用B超观察胎儿生长的过程，这是一个精确、有序的熵减过程。

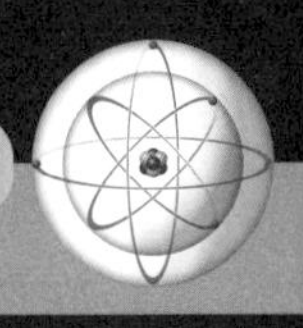

## 宇宙是否会陷入热寂

熵的概念一经提出，就引发人们对宇宙灰暗未来的担忧。熵增会一直持续下去，直到所有事物都处于同一温度，恒星会停止闪烁，死亡的行星、星际间的气体和尘埃全部物体都会进入可怕的低温状态。万亿年后，宇宙就会变为寒冷、黑暗、死寂的一片虚无。现在，宇宙遥远的未来变得看起来比以前更加神秘了，例如科学家以前认为宇宙的膨胀正在减速，但直到最近科学家才发现宇宙的扩张还在不断加速中，因此对于宇宙是否会陷入热寂这一问题，科学家再也不敢打包票了。

宇宙，包括这个旋涡星系，正在相互远离。但熵增会永远持续吗？

# 近距离观察

## 可逆性

热力学中一个重要的概念就是反应过程可逆。严谨点说，没有哪个热力学过程是真正可逆的，但反应过程越接近理想的、可逆的，科学家越能更好地了解这些反应过程。可逆过程中的变化是平稳的、温和的，压强和温度变化极小，理论上变化为零。举个例子，在气瓶中轻轻向下推动活塞，缓慢地压缩，并且总是比气体反推的压强略大一点。要逆转这个过程，只需要很小的压强就可以。稍微降低活塞上的压强，气体的多余压强会慢慢把活塞推出去，这与原来的过程恰恰相反。用大压强向下推的话，则不会产生可逆过程，因为大压强可能产生穿过气体的冲击波。

▶ 给自行车轮胎打气不是热力学可逆过程，因为打气需要很大的力气，过程中会产生热量，导致轮胎内部的空气产生震荡，也就是运动。

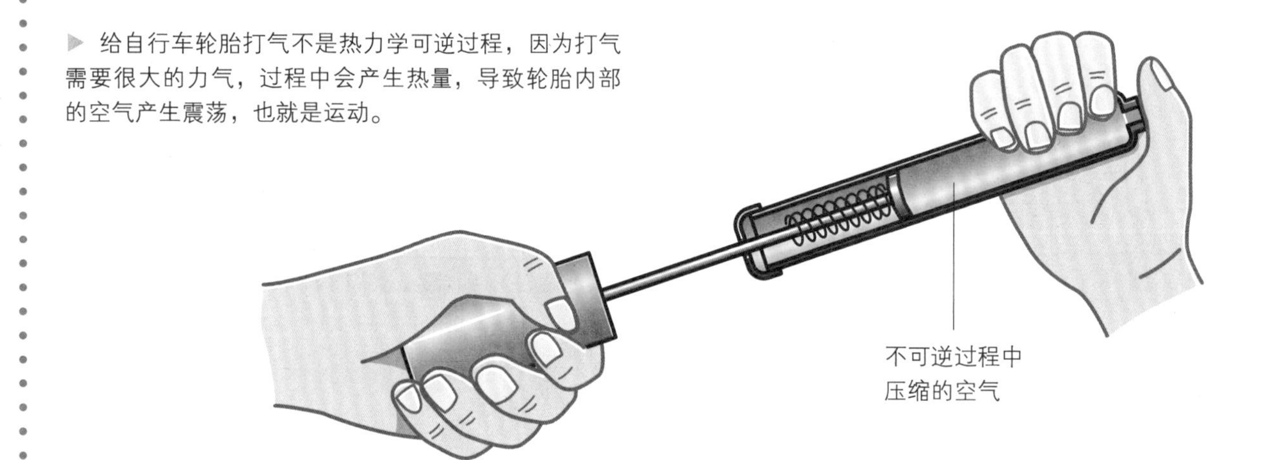


在冰箱中，水分子从相对无序的液态转变为更加有序的固态（冰块），水的熵就减少了。但冰箱和环境熵的总和却增加了，因为热量从机器传到环境中，增加了空气的熵。同理，水在冰冷气候中自然结冰时，自身的熵减少了，水和环境的熵却增加了，因为水在冰冻的过程中向环境中释放了能量。

▶ 晶体在自然界生长时，原子被依次添加到具有规则间隔的晶格中，生成的物质内部组织十分有序。这块未切割的绿宝石呈六边形结构，展现了晶格中原子的排布方式。

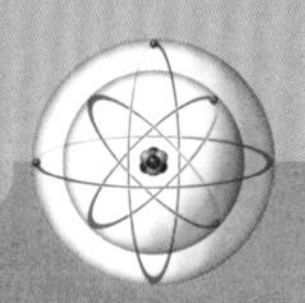

## 关键词

- **绝对零度：**热力学所说的理论上能达到的最低温度，−273.15 ℃。
- **扩散：**像热量和气体一样均匀地散开。
- **熵：**热力学系统状态的物理量，任一系统无序状态的衡量标准。
- **吉布斯自由能：**热力学状态函数之一，吉布斯自由能降低意味着反应会自然发生。
- **热力学温标（旧称“开氏温标”）：**利用开尔文（K）为温度单位的温度标准。
- **微观状态：**物质在分子尺度上的状态，即其所有分子的质量、速度和位置。

### 熵和温度

热量在一个系统中流动时，这个系统的熵几乎总是增加的，因为热量会导致无序。热量越多，熵增就越多。但系统本身是有序还是无序，也会影响热量对熵增的影响程度。一个东西温度越低，就越有序，一定的热量就会导致更大量的无序。例如，一定量的热量让一块冰产生的熵增就大于让一团蒸汽产生的熵增。

## 热力学第三定律

除了热力学第一和第二定律，还有第三定律。第三定律提出，物质的熵在绝对零度时为零。虽然绝对零度在实践中无法达到，但这一定律提供了零熵的定义，即最小无序状态。

◀ 科学家认为，宇宙的平均温度大约是 −270.42℃。

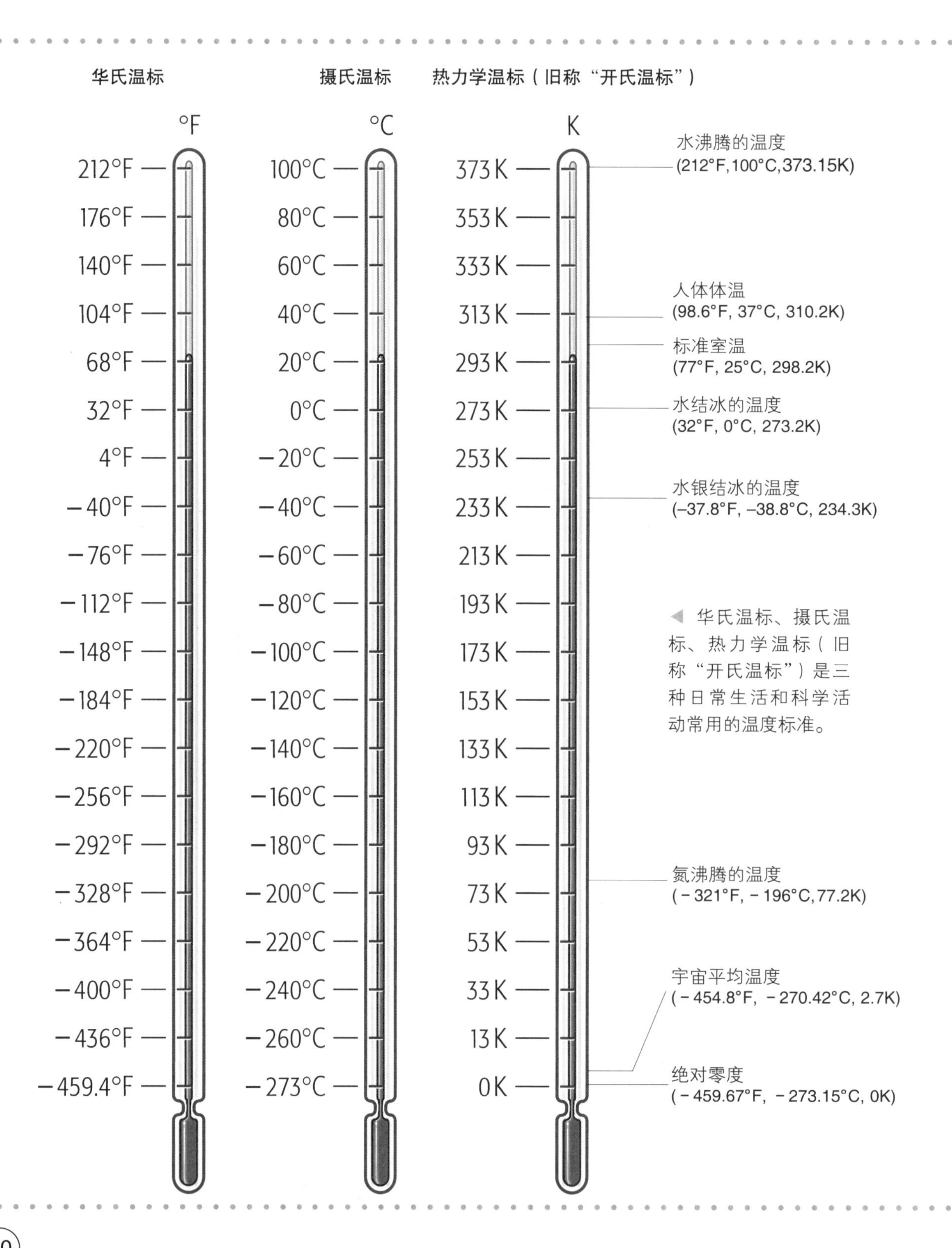


◀ 华氏温标、摄氏温标、热力学温标（旧称“开氏温标”）是三种日常生活和科学活动常用的温度标准。

## 绝对零度

大多数人熟悉℃这种温度计量标准，但科学家也会使用热力学温度，单位是K，旧称开氏温度。这种温度计量标准和℃一样，1度表示水沸点和冰点差值的百分之一，但在热力学温度标准中，0度是指绝对零度。按照热力学温度，水的冰点是273.15 K，沸点是373.15 K，但绝对零度具体指什么呢？

一个物体温度降低时，内部分子的运动会减慢，最终在某个温度时，分子的运动缓慢到不能再慢，这个温度是−459.67 ℉，也就是绝对零度。科学家在研究气体时提出这个概念。气体冷却时，压强会降低。气体温度降低到一定程度时，某个理论上理想的气体的压强会降至零，与此同时冷却的过程停止。这个最低的温度就是绝对零度。

虽然现实世界中，我们不可能实现绝对零度，但科学家已经能够让物体降温到只比绝对零度高一点点的温度。在如此低的温度下，物质的性质开始变得不稳定了。

人物简介

### 开尔文勋爵和绝对零度

19世纪英国科学家威廉·汤姆森在物理学很多领域都做出了杰出的理论工作，也是工程领域的先驱，包括电报的发明和应用。汤姆森因其卓越的科学成就而被授予开尔文勋爵的称号。他设计了绝对温标，温度单位是开尔文，用符号K表示。

▲ 如今，先驱科学家威廉·汤姆森（1824—1907）的知名度要高于开尔文勋爵。

▶ 冰块浸在水中时，会降低水的温度，直到冰水混合物的温度降至0℃，并且直到冰化完前，冰水混合物的温度都会保持0℃。因此，融化的冰是温度标准的一个有用的参考点。

# 4 反应速率

化学反应发生的速率取决于包含的物质，也取决于其他可控因素，比如温度和浓度。

在所有化学反应中，原子键破裂，新键产生。比如甲烷燃烧时，碳原子、氢原子和氧原子之间的键全部断裂，同时产生新键：

$$CH_4 + 2O_2 \longrightarrow CO_2 + 2H_2O$$

化学键变化时，电子在原子外层轨道之间移动。这种情况只会在分子

一些化学反应的反应速率特别快，效果明显。但一些反应很慢，因此化学家试着寻找方法，加快反应速率。

或原子彼此距离很近时发生，比如分子相互碰撞。

## 反应速率

物质浓度越高时，分子碰撞的频率就越高，因为同样的体积中，分子的数量更多。所以浓度高时，反应物互相碰撞并发

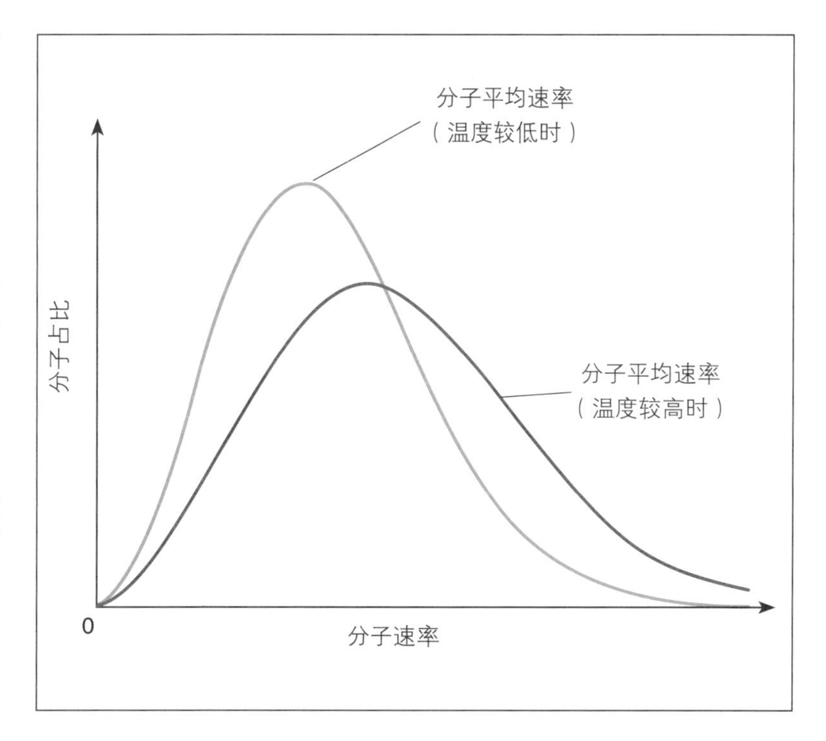


▶ 随着温度升高，分子平均移动速率也会加快，移动速率本身就较高的部分也会加快。速率的变化范围也会随着温度变化而变化，所以温度较高的红色曲线比温度较低的绿色曲线分散得更开。

▼ 气体受到挤压时，密度会增大。潜水员下水时会背着一罐压缩氧气供水下呼吸。

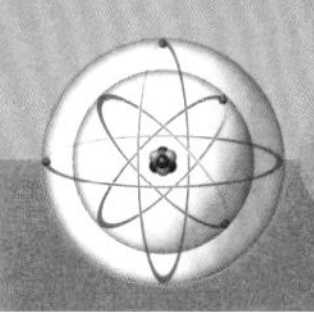

生反应的概率更大。如果一个化学反应包括两个反应物，其中一个反应物的浓度翻倍，那反应速率就会翻一倍；如果两个反应物的浓度都翻倍，那反应速率也就快四倍。同理，通过压缩气体反应物来增加其密度通常也可以加快反应速率。在25℃室温、标准大气压下，氧分子在碰撞前会移动平均730万分之一厘米，每秒钟发生66亿次碰撞。如果压强增加一倍，氧分子碰撞前移动的距离也会缩短一半，而碰撞频率增加一倍。

如果气体温度高，气体分子就会运动得更快。分子运动越快，反应速率越快，原因有两个：第一，原子运动速度越快，相撞的频率越高，但是这个特性对反应速率的贡献没有多少。如果标准大气压下气体温度从25℃提升至35℃，每秒碰撞的次数只会增加2%。

第二，分子碰撞时速度越快，互相作用的可能性越大，这一特性更加重要。速率越快，分子能量越高，越容易让化学键断裂，组成新化学键，而不只是弹开而已。然而，在任一温度水平上，分子的反应速率有快有慢，总有分子的反应速率快

▼ 提高反应速率主要有四种方法：加热物质、提升物质浓度、将分散得更加精细的物质混合在一起反应、添加催化剂。

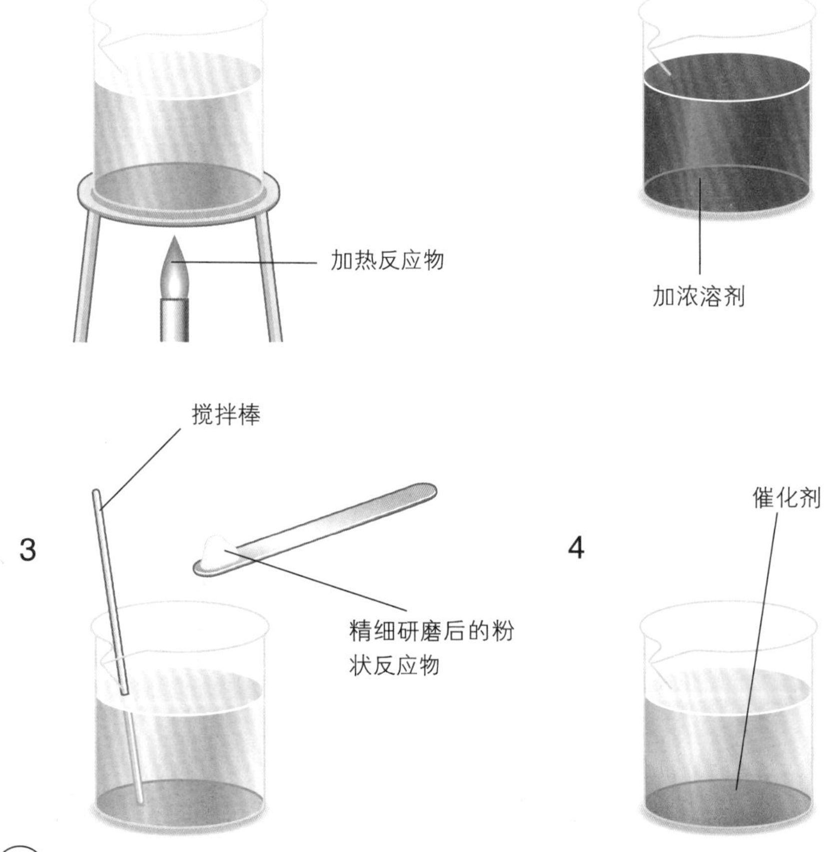


▶ 反应物的浓度随时间变化而变化。浓度下降，同时反应速率减缓。

▶ 生成物浓度随着反应进度而增加。反应物逐渐耗尽，同时反应速率也逐渐减缓。

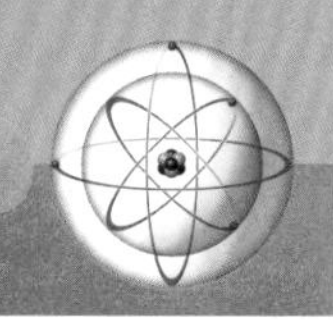

到即便温度很低，也能够在碰撞的一瞬间就发生反应。

另一个影响反应速率的是反应物混合的难易程度。反应物如果都是液体或气体，就很容易混合。但如果一个是固体，那可能就需要碾碎成小颗粒来增加和其他反应物的接触面积。固体物质呈块状时的反应速率比粉状时的反应速率慢很多，因此化学家经常使用粉状化学物质，而不是用块状或大晶体状的化学物质。

最后，添加催化剂也可以加速反应。催化剂可以改变化学反应的速率，但在反应前后不会改变质量。

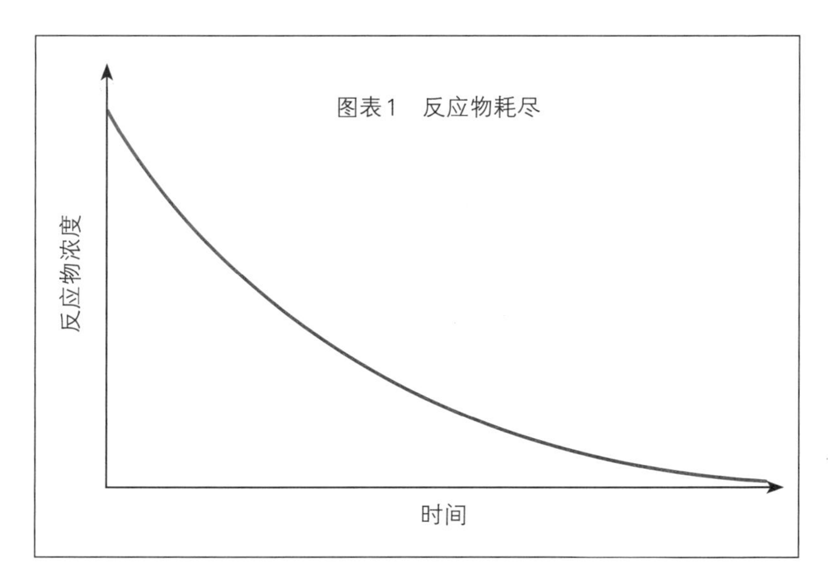


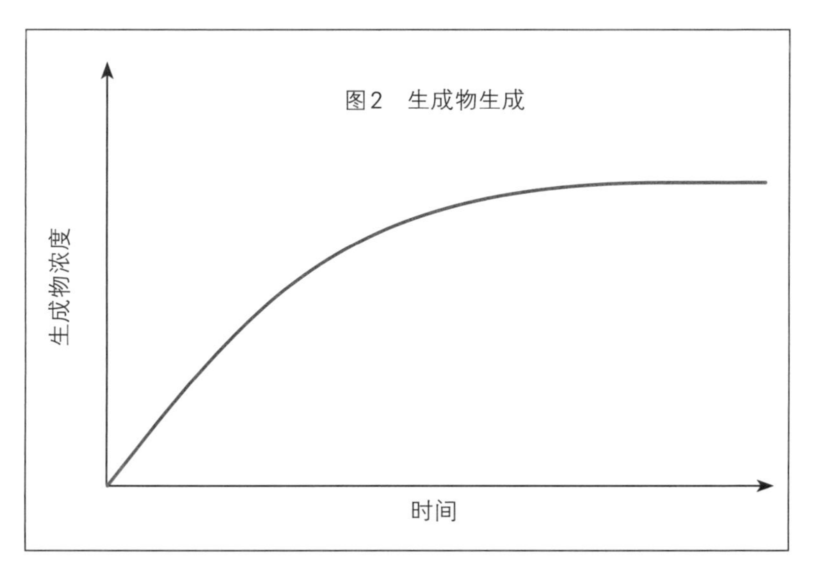


## 反应曲线

要衡量一个化学反应的速率，我们可以测量生成物的生成速度或反应物的消耗速度，也就是说在不同的反应时间段有多少生成物存在，有多少反应物留存，所以要在固定的时间间隔里进行测量，比如过氧化氢化合物会分解为氧气和水，这种反应在室温下速率非常缓慢，但可以通过提高温度或添加催化剂来加快反应速率。如果我们制作一张图表，以时间为横轴，过氧化氢浓度为纵轴，图中就会出现一个表现反应速率的曲线。

在图1中，过氧化氢的浓度在反应开始时最高，过氧化氢开始分解后，浓度就随着时间逐渐降低。曲线的坡度在反应初期最陡峭，表明过氧化氢浓度最高时，分解反应的速率最快。

如果我们观察反应过程中的生成物，图中会呈现不一样的曲线。假设两个反应物反应后生成两个生成物，制作一张其中一个生成物浓度随时间变化的图，那么这张图可能看起来像图2。

在这张图中，初始的反应速率同样是最快的，曲线也是最陡峭的，但生成物的浓度是逐渐升高的。随着反应的进一步发

# 工具和技术

## 测量反应速率

科学家利用生成物或反应物身上可以测量的特征来测量反应速率，如此科学家就可以观察物质在反应过程中的浓度了。举个例子：如果某样生成物具有强烈的颜色，那么就可以使用色量计测量颜色变化的速率。如果反应的生成物中有气体，可以用容器收集这些气体，并每隔一段时间测量容器里气体的体积。一些气体收集装置（如气体注射器和量气管）可以简单地从刻度上读出内部气体的体积。

▶ 学生正在使用色量计跟踪反应的进度。该仪器通过颜色的强度来判断生成物的浓度。

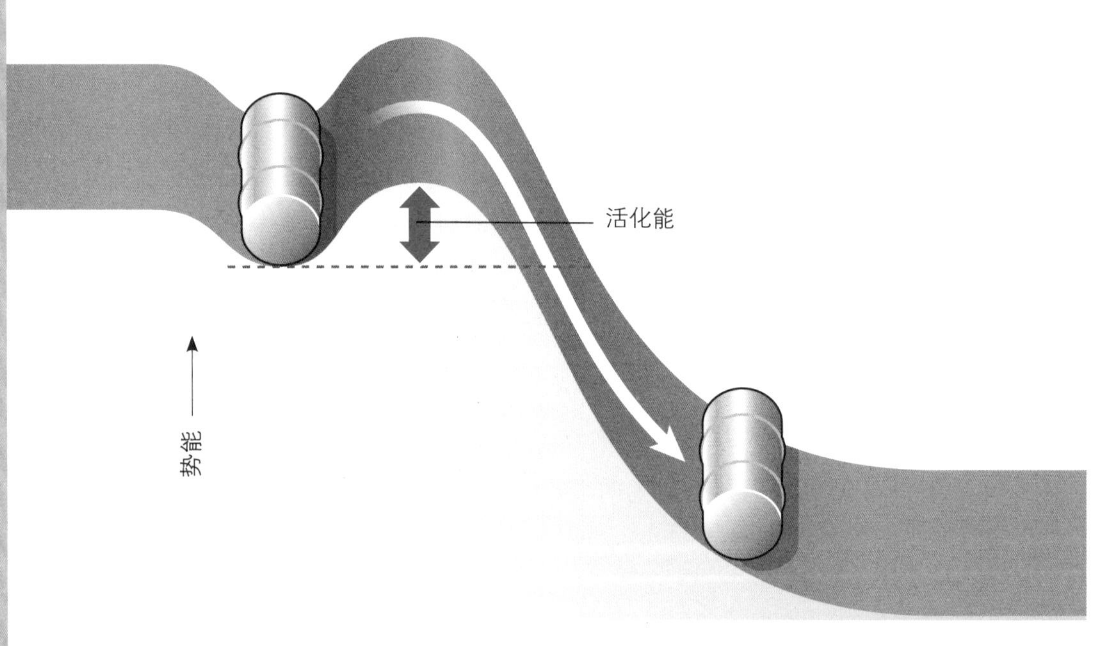


◀ 反应进行需要能量。因此，圆桶也需要能量推动，才能开始向山下滚动。一旦施加这个能量（称为活化能），化学反应就会开始，圆桶就会自己开始滚动。

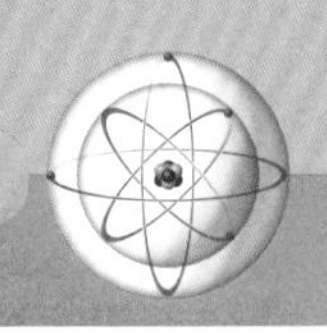

展，反应物浓度减少，反应速率变慢，所以曲线逐渐呈水平状。最终，没有新生成物产生，反应曲线变成一条平直的线。

## 激活能量

两个分子相撞时，偶尔会结合在一起，暂时形成新的分子。这种暂时形成的分子叫作活化复合物，这些复合物通常具有高能量，但无法长久存在，只会分解成生成物分子或变回反应物分子。

这个过程在反应中非常重要。我们假设两个分子碰撞在一起形成了活化复合物，很短时间后，活化复合物分解成为生成物分子。为了形成活化复合物，反应物需要吸收一定量的能量。这个能量和反应物分子平均能量的差叫作活化能量。活化能量越多，活化复合物的形成速度就越慢。

在这种情况下，即使是放热反应也不会自然而然地发生。分子需要活化能量来开始反应，就像躺在山顶凹坑里的油桶需要推出凹坑才能滚下山坡，把油桶推向山顶边缘的能量就像是催生活化复合物的活化能量。

▼ 氨气是由氮气和氢气发生放热反应后生成的，氨气的产量和用量都很大。

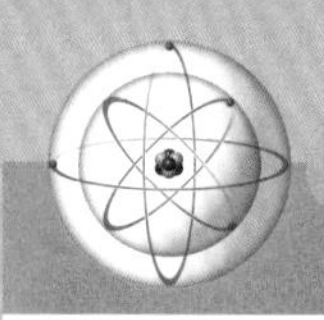

▶ 这张图展示的是放热反应过程中的能量变化。反应物首先形成活化复合物。这种化合物的能量比反应物高，所以必须吸收能量。活化复合物分解时，会释放出能量。于是，生成物就形成了。生成物能量小于反应物能量，所以整个反应是放热的。

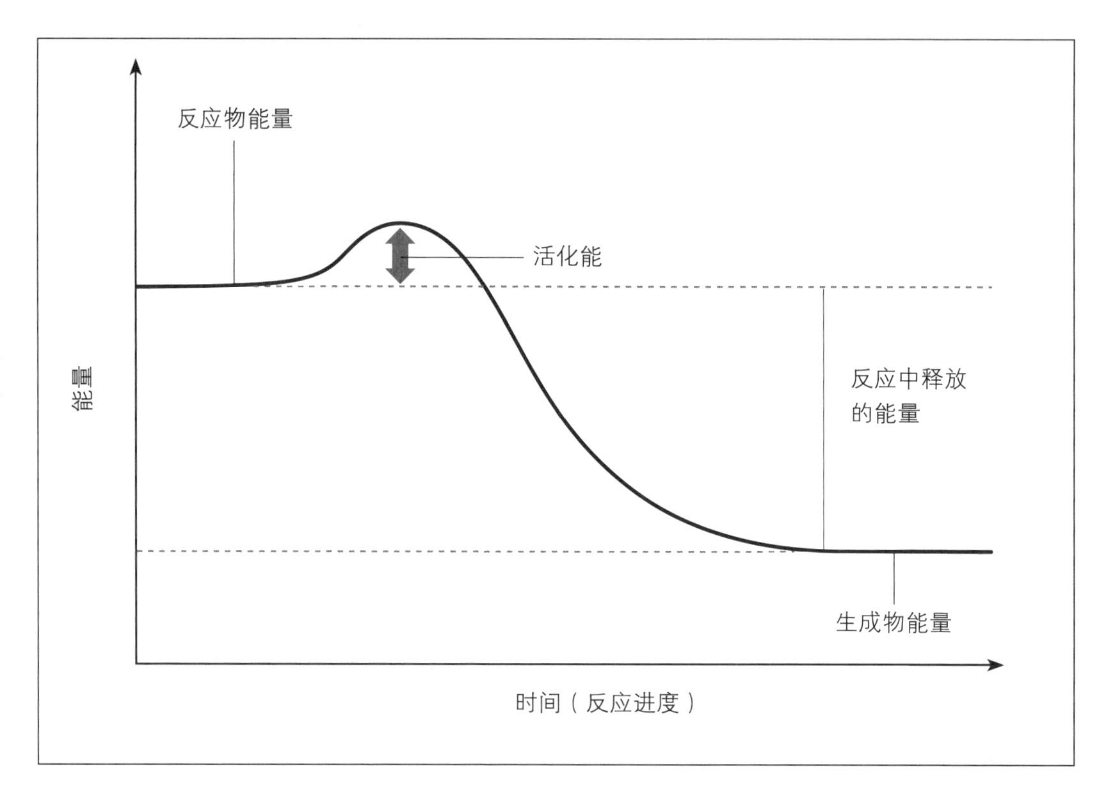


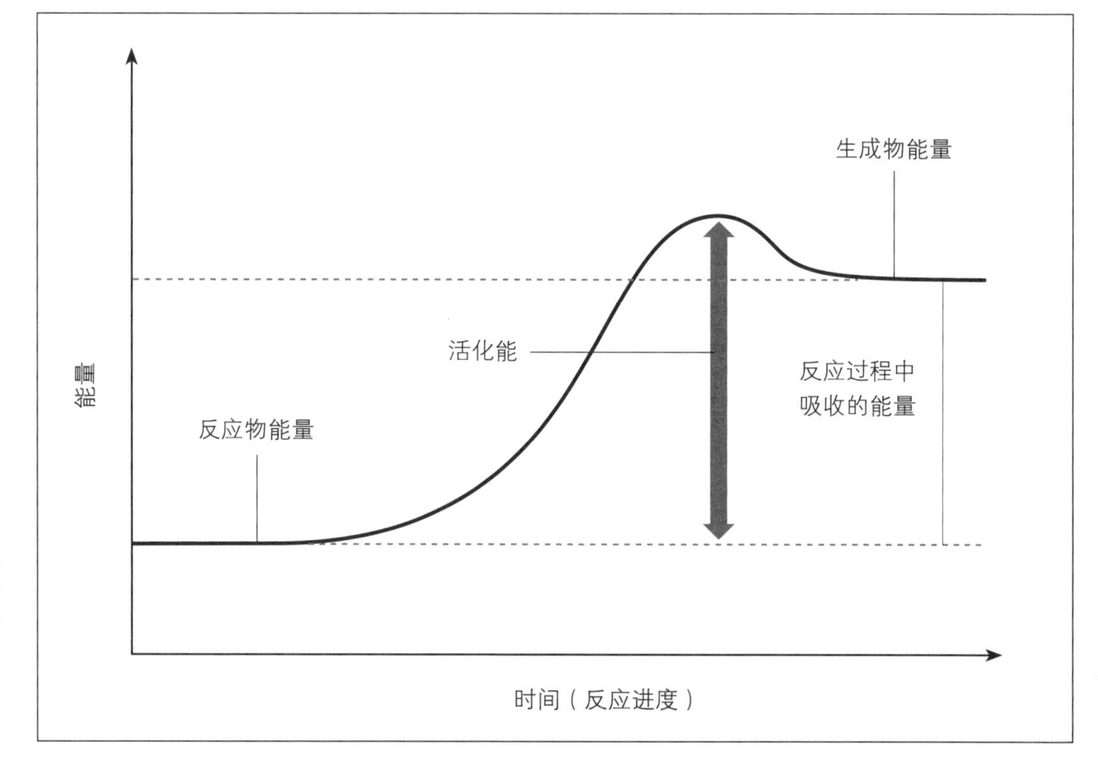


▶ 这张图展示的是吸热反应。在吸热反应过程中，形成活化复合物需要能量，活化复合物分解时，放出的能量比吸收的能量少，因为生成物的能量大于反应物能量。

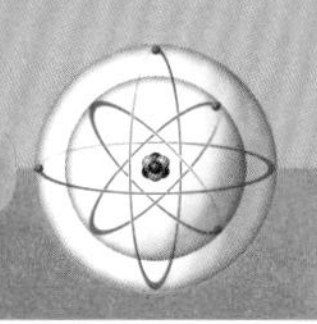

# 近距离观察

## 蒸发和结冰中的平衡

物理变化和化学反应过程都能实现平衡。液体如果储存在密闭容器中，就会开始蒸发。液体上方的蒸气分子数量增加，它们会再次进入液体，而且频率越来越高。每秒钟从蒸气中进入液体的分子数与离开液体的分子数相等时，就达到了平衡。这种状态下的蒸气就叫作饱和蒸气。在一般条件下，液态水不可能在0℃以下存在。同样，冰也不可能在0℃以上的环境中存在，因此漂浮在水面上的冰处于平衡状态：所有冰融化之前，水温不会升高；水全部结冰之前，温度不会降低。如果有少量的热量流入系统，冰就会融化；如果热量流出系统，水就会结冰，但温度不会变化。

从液体中蒸发的分子

蒸气分子再次进入液体

▲ 反应时，大量分子从液体中流出去，变成蒸气。反应达到平衡时，很多分子会回到液体中。

▶ 室温下，溴是液体。在密闭的容器内，溴会形成棕黄色蒸气。

如果一个化学反应是放热反应，在反应开始和结束之间，反应物会释放出能量。所以，活化复合物在放热反应中分解时，释放出的能量比生成它消耗的能量更多，这就是为什么这个反应会释放出热量。但是，如果是吸热反应，活化复合物分解时释放的能量比生成时消耗的能量更少。很多催化剂是通过降低反应的活化能量来促进化学反应的，这样反应物更加容易反应，生成物也会更快生成。

## 平衡

如果条件合适，很多化学反应会进行到底，也就是说化学反应会一直持续，直到反应物全部耗尽。但此时，有些反应还并未结束。化学反应进行到一定程度后，

尽管反应物还有剩余，但看起来已经没有新生成物产生了。

但事实上，这个反应还在产出生成物，只不过这些生成物又以同样的速率互相反应，变成了反应物。当反应物和生成物的生成速率完全相同时，两种物质的总量就会保持不变。

当反应进行到这里时，化学家说这个反应达到了平衡。有一种需要达到平衡的化学反应对工业发展具有重大意义，那就是氮气和氢气反应生成氨：

$$N_2 + 3H_2 \longrightarrow 2NH_3$$

这叫作正相反应。反应开始时，反应物只有氢气和氮气，随后生成氨分子。氨分子不断增多，越来越频繁地相互碰撞，其中一些就会分解为氮和氢：

$$2NH_3 \longrightarrow N_2 + 3H_2$$

这叫作负向反应。反应随着氨的增加而加快，最终氨分子的分解速度和生成速度保持一致。当反应达到平衡时，反应物中会有氮分子、氢分子、氨分子。为了展示这种同时发生的双向化学反应，化学家在化学方程式中使用双向箭头来表示：

$$N_2 + 3H_2 \longleftrightarrow 2NH_3$$

## 任何化学反应都是可逆的

任何化学反应在某种程度上都是可逆的。我们通常认为已经完成的反应实际上都含有少量的初始反应物，可是这个量非常小。科学家认为，氢和氧结合形成水是不可逆的化学反应，因为水自然反向分解的过程极其缓慢，所以一旦氢和氧形成了水，几乎不会自然分解。能够自然分解的水的量非常少，如果整个大西洋的水都是氢和氧反应生成的，那么反向分解成氢和氧的水分子只有大约5个。

海洋中存储着无数的氢原子和氧原子构成的水分子。

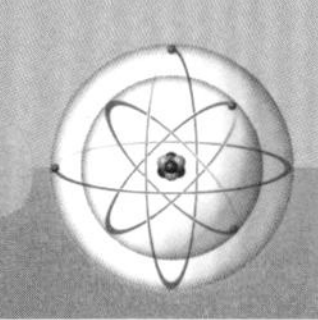

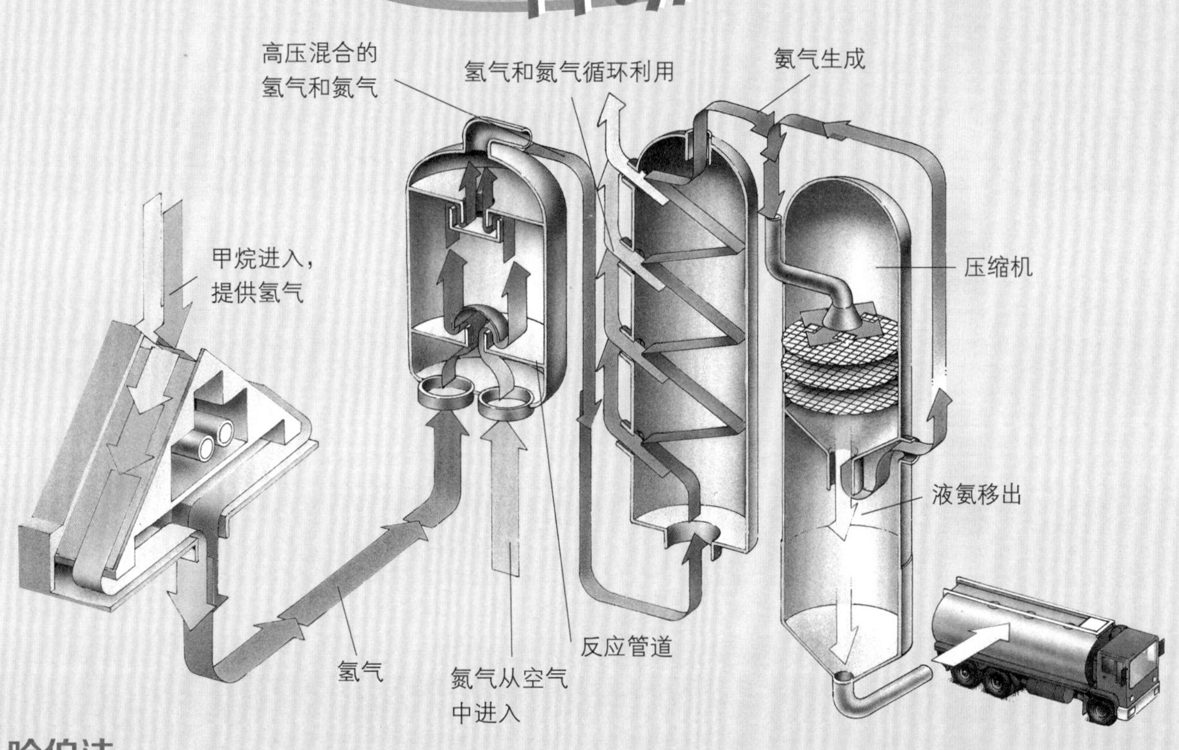


## 哈伯法

氨气是一种非常昂贵的工业品，可用于制造化肥、爆炸物、清洁产品、电池以及其他产品。空气中的氮气和氢气（大部分从自然生成的甲烷中提取）用来大规模生产氨气。在能大规模制造氨气的哈伯法提出之前，这种氮化合物的主要工业来源是矿物，而矿物必须耗费大量人力、物力从矿场挖掘出来，然后运输数千千米后，才能使用。1913年，两位德国化学家的研究让氨气的工业化制造成为可能。当年，弗里茨·哈伯（1868—1934）在实验室中研究出这种化学反应，而在巴斯夫公司工作的卡尔·博世（1874—1940）将这种反应转化为工业反应过程。哈伯醉心于研究这种可逆反应：

$$N_2 + 3H_2 \longleftrightarrow 2NH_3$$

这种可逆反应的症结在于，生成的氨气越多，它转变为氮气和氢气的速度就越快，而卡尔·博世则想到办法让这种反应得以圆满完成。卡尔·博世提出方法，在氨气一生产出来，就通过冷却、液化，将氨气转移走。未反应的氮气和氢气再循环利用，直到最终耗尽。

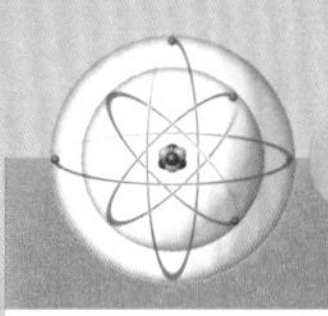



## 调整反应平衡点

如果一个双向反应的温度或气压变化，达到反应平衡需要的初始反应物和最终生成物的数量也会变化。影响平衡点的确切因素相当复杂，取决于反应的细节。例如，在生产氨的反应中，温度提升会减少氨的生成量。相比之下，在碳燃烧生成二氧化碳的反应中，温度升高反而会提高二氧化碳的生成量。添加催化剂并不会改变平衡点的位置，也就是不会改变反应物和生成物的量。催化剂会同时增加可逆反应中两个方向的反应速率，因此催化剂并不会改变反应物和生成物在平衡点上的浓

▼ 农民现在仍然利用自然界产生的氨，比如肥料，同时也使用包含氨的工业化肥。农民通常在冬天作物还没种下时播撒肥料。

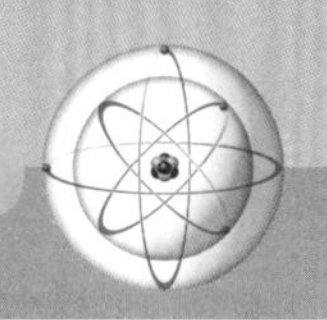

## 关键词

- **活化复合物**：化学反应中生成的复合物，存在时间不长并且会分解为反应物分子或生成物分子。
- **活化能**：一定温度下反应分子的平均能量与反应能量的差。
- **催化剂**：加速化学反应的物质，但在反应前后不会改变质量，本身并不参与化学反应的物质。
- **反应平衡**：反应平衡是一种化学反应的状态，达到平衡时，生成物生成的速度和分解的速度一样快，反应物和生成物的总量不增加，也不减少。

度。在任何化学反应中，如果达到反应平衡时，生成物的总量增加了，那么化学家就称平衡点向右偏移（因为生成物在方程式的右边）；如果反应条件发生变化，生成更多反应物，化学家就会称平衡点向左偏移。

### 勒夏特列原理

法国化学家亨利·路易斯·勒夏特列（1850—1936）提出一个规则，有效地帮助人们理解反应条件的变化会如何影响化学平衡反应。这个规则表示，一个处于平衡中的化学系统受到干扰会发生对应的变化，来消除干扰因素。例如，提高压强会让气体与其他物质相溶或结合，气体分子数量减少，进而让压强下降，减轻了压强变化对整个系统的影响。同理，温度上升会加快放热反应的速率，反应速率加快又反过来降低温度。

氮和氢生成氨的反应会产生热量，因为正相反应是一种放热反应，同时反应物的体积会缩小，因为4个氮分子和氢分子结合后只生成两个氨分子。勒夏特列原理告诉我们，提升压强让反应平衡点往生成物氨的方向移动，这是因为氨的体积比氮和氢更小，所以氨生成时，化学系统中的压强会降低。然而，提升反应温度会让反应平衡点向相反方向移动，产生更多的氮和氢、更少的氨，于是反应释放的热量更少，温度便会降低。

◀ 亨利·路易斯·勒夏特列的原理解释了条件的变化会如何影响化学反应。这个原理经证实对工业生产和科学实验都非常重要。

# 5 催化剂

化学家做实验时要能够控制反应物进行哪种反应、以什么速率反应。添加催化剂就是一种控制反应的重要手段。

我们的生活依赖化学反应的速率。我们的身体里每时每刻都在发生无数不同的化学反应，其中大多数反应本身进行得比较慢。在工业生产中，许多化学反应必须加速进行，才能在合理的时间内生产出足够多的产品，因此工业化学家想方设法地让化学反应既快速又安全地发生。加速化学反应

石油在炼油厂进行工业加工，分馏就是其中一种加工工艺。分馏过程中，催化剂使石油大分子分解，变成小分子。

▼ 酵母加速了面包中二氧化碳的生成速度，让面包膨松起来。

▲ 在瑞典的这家啤酒厂中，酵母让混合物中的自然糖分发酵，生成酒精。

的一个非常有用的方法是添加催化剂。虽然催化剂可以加快反应速率，但在反应结束时，没有一种催化剂会被消耗。

## 身边催化剂

数千年来，人们一直使用催化剂制作传统食品。在制作啤酒、葡萄酒和其他酒精饮料时，葡萄糖等天然糖被分解成二氧化碳和乙醇（酒精）。酵母（单细胞真菌）催生出天然催化剂，加快了化学反应速率，将糖分解。酵母也用来烤面包，酵母在面团中释放的二氧化碳气泡会导致面包膨松。现代食品已经实现工业化生产、加工，而催化剂仍然扮演着重要的角色。

在石油化工业中，催化剂的使用加快了石油化学反应速率，从而制造出了一大批产品，包括汽油、润滑油、塑料、天然气。所有这些材料都是与石油密不可分。石油这种诸多化合物混合在一起的产物含有很多不同大小的分子。首先，加热石油，让化合物中最小的分子以气体的形式排出。随后收集这些气体，并将这些气体和剩下的化合物相分离。再用化学手段将混合物中较大的分子分解为更小、更有用的分子，这个过程叫作分馏。其他的分子可能需要结合在一起，或重新塑形，得到更有用的化合物的混合物。在这些分子形成过程中，化学工程师小心利用催化剂来控制生成物的类型和总量。

在很多其他工业生产过程中，催化剂都是十分重要的。用哈伯法制造氨气时，精细分离出来的铁与钾、钙、铝的氧化物混合在一起，用作催化剂。五氧化二钒是一种制作硫酸的催化剂。往食用油和脂肪中添加氢就可以制作出人造奶油，而这个反应的催化剂是金属镍。

为了节省空间，燃料电池安装在车辆底盘中。

▲ 一些车上的燃料电池已经开始使用铂作为催化剂来从氢和氧中得到能量。

▼ 高纯度铂块是一种重要的金属催化剂。

## 催化剂是如何工作的

有些催化剂是气体或液体，与同样是气体或液体的反应物均匀或同质地混合在一起，这些催化剂叫作均相催化剂，它们让活化复合物以较低的能量形成，因为能量比较低，这些中间复合物能更快速地形成，因此生成物也能更快速地生成。

其他催化剂是多相催化剂，这表示催化剂以一种物理形态存在，通常是固态，而反应物以另一种物理形态存在，比如液态或气态。昂贵的金属铂和铑在催化转化器中充当多相催化剂。催化转化器用在汽车上，让燃油燃烧更加充分，分解尾气里的有毒气体。

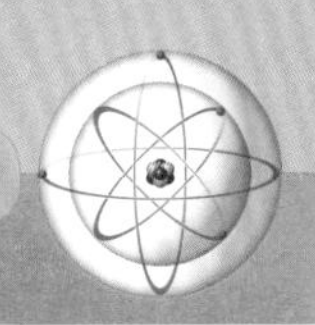

# 近距离观察

## 催化剂和抑制剂

催化剂加快化学反应速率，而不会改变自身的成分。一些化合物能干预催化剂的工作方式，来减缓催化反应。还有一些化合物可以将反应物捆在一起，让反应物不参与反应，从而减缓化学反应速率，这些化合物叫作抑制剂。抑制剂用在家用热水器和汽车冷却系统中，来减缓部件生锈。抑制剂还可以用作食品添加剂，减缓食物发霉、腐坏的速度。

▶ 很多水果和蔬菜含有抗氧化剂，来减缓内部氧化反应的速率。

比如一氧化氮就是汽车尾气中能造成污染的气体，一氧化氮分子与催化转化器里的金属接触时，会吸附在金属表面，一氧化氮分子会被分解为单个氮原子和氧原子。这种反应可能只发生在催化转化器上很少的地方，这些地方叫作活性部位。氮原子和氧原子紧靠在一起，因此可以结合为氮分子和氧分子：

$$2NO \longrightarrow N_2 + O_2$$

催化转化器中发生的另一种化学反应是氧和有毒的一氧化碳结合成无毒的二氧化碳：

$$2CO + O_2 \longrightarrow 2CO_2$$

▼ 图中的金属丝网由铂和铑制成，用于制造硝酸。化学反应就发生在金属丝网的表面。

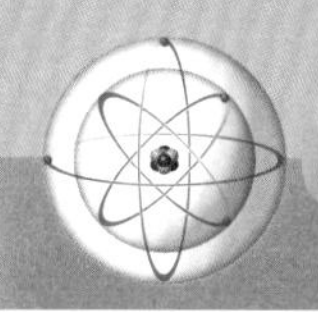

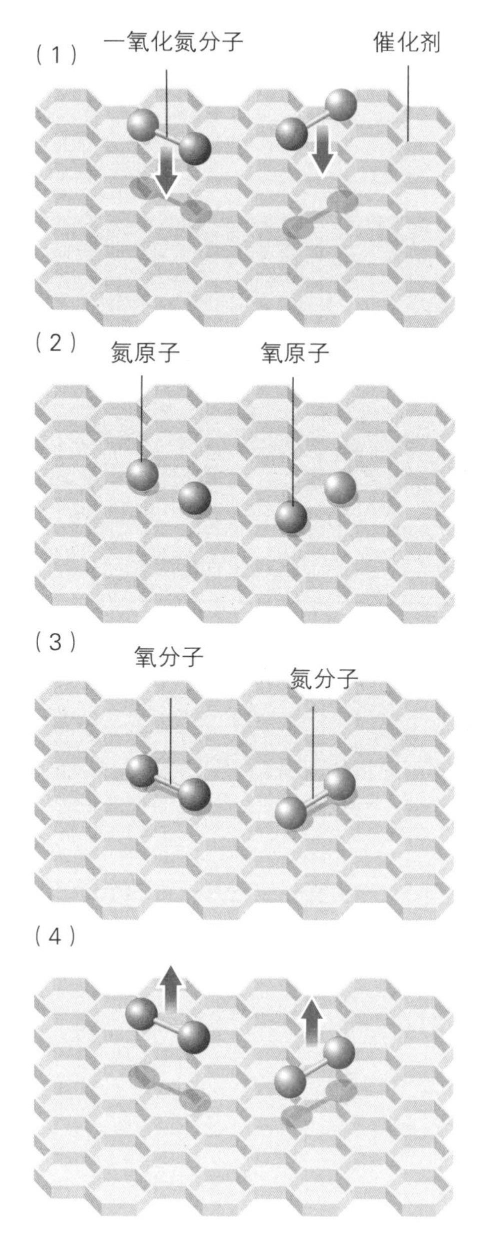


◀（1）在催化转化器中，一氧化氮分子黏在催化转化器表面。

◀（2）一氧化氮分子分离，变成氮原子和氧原子。

◀（3）氮分子和氧分子形成。

▲（4）新气体分子脱离催化转化器并从排气管中排出。

催化转化器也有助于废气中的燃料充分燃烧。例如，辛烷（$C_8H_{18}$）可以燃烧形成二氧化碳和水：

$$2C_8H_{18} + 25O_2 \longrightarrow 16CO_2 + 18H_2O$$

需要注意的是，这个过程包含2个辛烷分子和至少25个氧分子的反应。在催化转化器的表面，化学反应经过一系列步骤。每一个步骤中，氧分子都会接触前一步留下的未充分燃烧的燃油分子，让燃烧进一步进行，燃油会燃烧得更加充分，从而减少污染。

## 酶

酶是最为典型的催化剂。酶存在于生物体内，由蛋白质分子构成，所以就像其他蛋白质一样，它也是由长长的、循环折叠的氨基酸构成的。

酶使生物肉体分解食物的分子，降解有毒分子，重新构成身体其他地方所需的分子。此外，酶还有很多其他用处。酶

▼ 汽车中未充分燃烧的燃料会生成有毒烟雾。

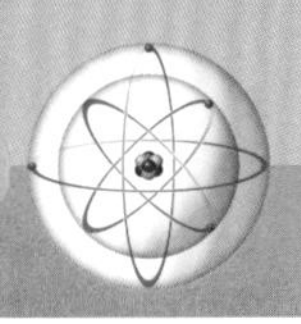

## 糖、酶和奶

我们的身体需要从食物中摄入葡萄糖，但食物的糖往往比较复杂，糖分子由单糖（如葡萄糖）结合而成，比如人与牛的乳汁中含有乳糖，而乳糖是由另一种单糖——半乳糖——结合后组成的。人体中的乳糖酶将乳糖分解为葡萄糖和半乳糖分子。

有些人无法分泌出足够的乳糖酶来分解乳糖，所以这些人如果喝了牛奶，就会生病，但他们可以喝大豆制成的豆浆。事实上，乳糖不耐受问题在人群中很常见，很多人在童年时可以消化牛奶，但成年后就失去了这种消化能力。

## 酶是如何工作的

酶的工作原理就像锁与钥匙一样。每的行为目标非常精准，每一种酶都只应对一种特定的分子，所以只产生一种化学反应。

比如淀粉酶是一种存在于人类唾液中的消化酶，这种酶会分解淀粉，生成麦芽糖（一种由两个葡萄糖分子结合在一起形成的糖）。同理，血液中的过氧化氢酶会催化分解身体内自然堆积的有毒的过氧化氢，生成氧和水。过氧化氢有时也用来给皮肤伤口消毒，血液中的过氧化氢酶会让过氧化氢剧烈冒泡。

▲ 人类唾液中含有淀粉酶。它是我们消化过程中的重要成分。

▶ 牛奶是非常重要的食物来源，但世界上有些成年人却无法消化牛奶。

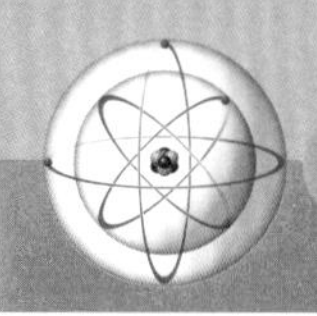



## 试一试

### 测量牛奶中的葡萄糖

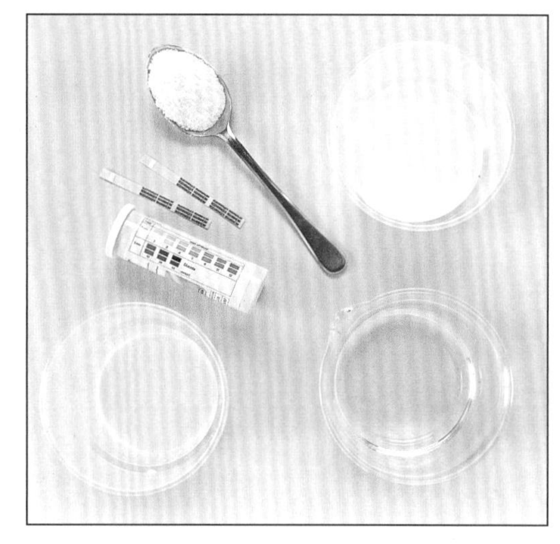

材料：一个烧杯或玻璃杯、几个塑料杯、常见的牛奶、豆奶（或者其他不含乳糖的饮品，比如米奶、米浆）、葡萄糖粉或片。再准备一些乳糖酶和葡萄糖测试纸（最好是测试尿液中葡萄糖含量的试纸，尽量不要用测试血液中葡萄糖含量的试纸），这种试纸能从大多数药店买到。

首先，在烧杯或玻璃杯中倒半杯水，加入一汤勺的葡萄糖并搅拌均匀，然后将葡萄糖试纸轻轻地放进溶液中。将试纸的颜色和试纸包装上的色度进行对比，观察溶液中葡萄糖的含量。

第二步，往杯子里倒入豆奶，用新试纸测试并记录下葡萄糖含量。然后，倒一些牛奶在杯子里，用另一张试纸测试，记录下葡萄糖含量。最后，在常见牛奶中加入一些乳糖酶，充分搅拌，用新试纸测试葡萄糖含量并记录下来。

观察你测试的结果，哪种液体的葡萄糖含量最多？哪种最少？往牛奶中添加乳糖酶后，溶液的葡萄糖水平是如何变化的？

你应该能发现常见的牛奶中几乎不含葡萄糖，而且远比葡萄糖与水的混合物要少，这是因为常见牛奶的糖分都以乳糖的形式存在，遇见乳糖酶后，就会被分解为葡萄糖和半乳糖，所以牛奶中的葡萄糖与半乳糖混合物会增多。在实验中，你应该会发现豆奶里没有葡萄糖，只含有其他增甜剂。

▼ 将试纸的颜色与试纸包装上的刻度进行对比，就能确定每个烧杯中葡萄糖的浓度。

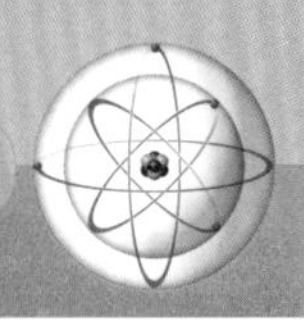

# 近距离观察

## 生物温度计

酶能控制生物的很多行为，比如酶能控制蟋蟀鸣叫的频率。雄性蟋蟀摩擦翅膀或腿来发出唧唧声。气温升高时，蟋蟀神经系统中由酶控制的反应就会因温度变化而变化，从而改变鸣叫频率。气温在13℃时，蟋蟀通常每分钟鸣叫60次，而这个频率会随着温度的上升而加快。

一种酶分子都有一个特定的部位充当锁，也就是它的活性部位，而特定的反应物分子就像是钥匙，这些分子正好适配酶分子上的锁。反应物上的“钥匙”分子叫作底物。

酶催化一个化学反应时，酶分子与反应物所有不同种类的分子接触，只有底物分子碰到酶的活性部位时会黏在上面，而其他的分子都不可以。在分解反应中，酶的结构帮助底物分子中的化学键断裂，因此底物分子可以分裂开来，最终也会从酶分子身上脱离。

在两个底物结合的反应中，其中一个底物的分子会首先接触到酶的活性部分，

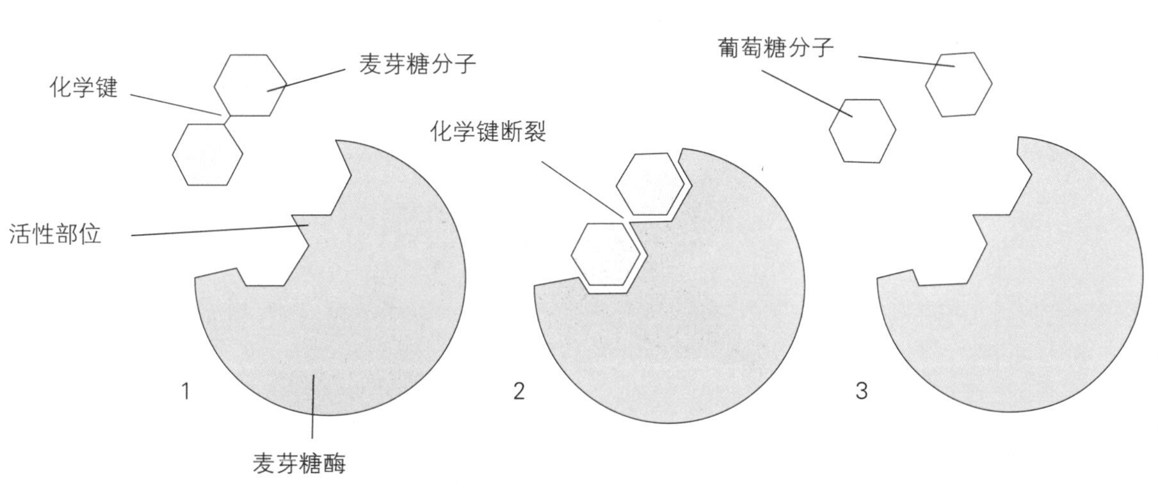


◀ 麦芽糖酶会分解麦芽糖，生成葡萄糖。一个麦芽糖分子接近酶分子，并附着在酶的活性部位。反应结束后会释放出葡萄糖分子。

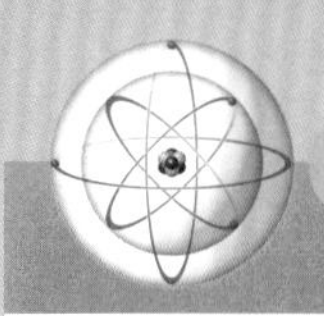



并黏在上面。随后，第二个底物的分子也会和酶在合适的地方相遇，然后被酶吸收。两个底物分子被酶聚在一起，催生了生成物分子，然后从酶身上脱落。

### 科技中的酶

酶对所有生物都至关重要，科学家和工程师正在探索酶在工业和先进科技中的使用方法，比如现在酶可以用来制造洗衣粉、食物、化妆品和药物。使用酶来催化

## 近距离观察

### 不太热，也不太冷

如果温度太高或太低，酶的催化作用就会减弱或者终止。包括人在内的很多生物动物可以调节身体内的温度区间，让酶起到催化作用。冷血动物其实并不算真正的“冷血”动物，因为它们也必须通过酶来控制体内温度保持在合理的区间，只不过它们体内的酶需要肌肉运动产生的热量或太阳光才能起作用。

▼ 这只鬣蜥蜴在温暖的岩石上晒太阳，太阳光让它的体温升高，体内的酶才能正常运作。

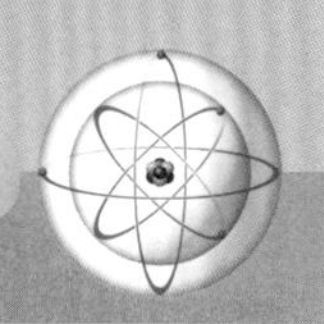

## 化学在行动

### 洗衣粉

生物洗衣粉包含酶，用来去除掉衣服上的蛋白质和脂肪污渍。常用的酶有三种：蛋白质酶、淀粉酶和脂肪酶，分别用来消化蛋白质、淀粉和脂肪。这三种酶在洗衣粉中的占比不到百分之一。洗衣粉中的酶都是通过细菌制作成的。酶让衣服在40℃的水温中也能洗干净，节省了能量的损失。然而，这些酶必须能够在比生物体内更加严酷的环境下工作，它们必须在温度比生物体高很多的环境下，经受住洗涤剂、肥皂和化学氧化剂的影响，才算功能正常。

▶ 生物洗衣粉包含能消化食物的酶，帮助去除衣服上的污渍。

工业反应有一个好处，那就是酶能让化学反应在温和的条件下进行，而不需要工业生产中那样的高温、高压的环境。

另一个好处就是酶比那些常用作催化剂的稀有金属便宜得多。酶还可能成为纳米技术发展的重要一环。已经问世的基因计算机就采用了酶，可以在试管中进行计算。一些研究人员认为，在未来，微小的“酶与基因计算机”可以嵌入我们的身体中，监控我们的身体健康，释放药物，修复身体损伤或不健康的组织。

## 关键词

- **活性部位：**酶或其他催化剂中让反应物附着并发生反应的地方。
- **酶：**由生物体内细胞产生的一种生物催化剂。一般由蛋白质组成。
- **抑制剂：**减缓化学反应速率的物质，反应过程中不会消耗殆尽，也叫作反催化剂。
- **蛋白质：**由大分子组成的物质，这些大分子又是由氨基酸构成的。
- **底物：**化学反应中酶所作用和催化的化合物。

# 元素周期表

元素周期表是根据原子的物理和化学性质将所有化学元素排列成一个简单的图表。元素按原子序数从1到118排列。原子序数是基于原子核中质子的数量。原子量是原子核中质子和中子的总质量。每个元素都有一个化学符号，是其名称的缩写。有一些是其拉丁名称的缩写，如钾就是拉丁名称

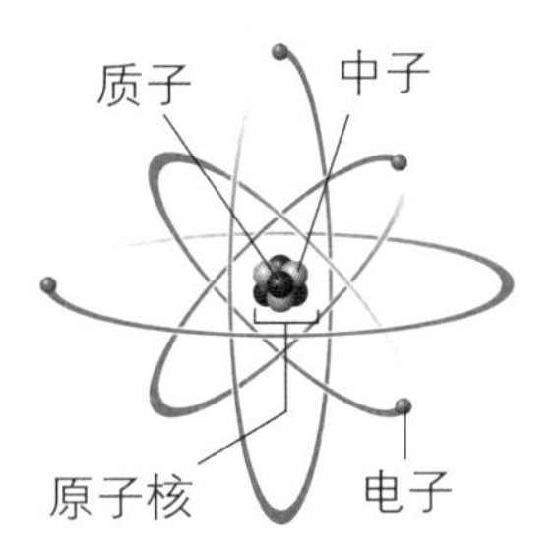

原子结构

| 33 As 砷 74.92160(2) | |
|---|---|
| 33 | 原子序数 |
| As | 元素符号 |
| 砷 | 元素名称 |
| 74.92160(2) | 原子量 |

图例：氢；碱金属；碱土金属；金属；镧系元素

| | ⅠA | ⅡA | ⅢB | ⅣB | ⅤB | ⅥB | ⅦB | ⅧB | ⅧB |
|---|---|---|---|---|---|---|---|---|---|
| 1 | 1 H 氢 1.00794(7) | | | | | | | | |
| 2 | 3 Li 锂 6.941(2) | 4 Be 铍 9.012182(3) | | | | | | | |
| 3 | 11 Na 钠 22.989770(2) | 12 Mg 镁 24.3050(6) | | | | | | | |
| 4 | 19 K 钾 39.0983(1) | 20 Ca 钙 40.078(4) | 21 Sc 钪 44.955910(8) | 22 Ti 钛 47.867(1) | 23 V 钒 50.9415 | 24 Cr 铬 51.9961(6) | 25 Mn 锰 54.938049(9) | 26 Fe 铁 55.845(2) | 27 Co 钴 58.933200(9) |
| 5 | 37 Rb 铷 85.4678(3) | 38 Sr 锶 87.62(1) | 39 Y 钇 88.90585(2) | 40 Zr 锆 91.224(2) | 41 Nb 铌 92.90638(2) | 42 Mo 钼 95.94(2) | 43 Tc 锝 97.907 | 44 Ru 钌 101.07(2) | 45 Rh 铑 102.90550(2) |
| 6 | 55 Cs 铯 132.90545(2) | 56 Ba 钡 137.327(7) | 57-71 La-Lu 镧系 | 72 Hf 铪 178.49(2) | 73 Ta 钽 180.9479(1) | 74 W 钨 183.84(1) | 75 Re 铼 186.207(1) | 76 Os 锇 190.23(3) | 77 Ir 铱 192.217(3) |
| 7 | 87 Fr 钫 223.02 | 88 Ra 镭 226.03 | 89-103 Ac-Lr 锕系 | 104 Rf 钅卢 261.11 | 105 Db 钅杜 262.11 | 106 Sg 钅喜 263.12 | 107 Bh 钅波 264.12 | 108 Hs 钅黑 265.13 | 109 Mt 钅麦 266.13 |

| | | | | | |
|---|---|---|---|---|---|
| 镧系元素 | 57 La 镧 138.9055(2) | 58 Ce 铈 140.116(1) | 59 Pr 镨 140.90765(2) | 60 Nd 钕 144.24(3) | 61 Pm 钷 144.91 |
| 锕系元素 | 89 Ac 锕 227.03 | 90 Th 钍 232.0381(1) | 91 Pa 镤 231.03588(2) | 92 U 铀 238.02891(3) | 93 Np 镎 237.05 |

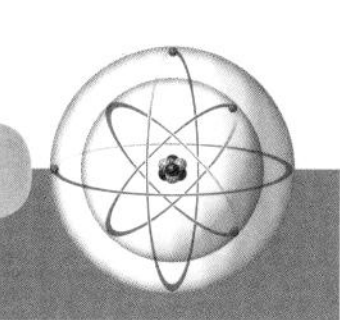

缩写。元素的全称在符号下方标出。元素框中的最后一项是原子量，是元素的平均原子量。

这些排列好的元素，科学家们将其垂直列称为族，水平行称为周期。

同一族中的元素其原子最外层中都具有相同数量的电子，并且具有相似的化学性质。周期表显示了随着原子内外层电子数量的增加逐渐变得稳定。当所有的电子层都被填满（第18族原子的所有电子层都被填满）时，将开始下一个周期。

- 锕系元素
- 稀有气体
- 非金属
- 类金属

| ⅧB | ⅠB | ⅡB | ⅢA | ⅣA | ⅤA | ⅥA | ⅦA | ⅧA |
|---|---|---|---|---|---|---|---|---|
| | | | | | | | | 2 He 氦 4.002602(2) |
| | | | 5 B 硼 10.811(7) | 6 C 碳 12.0107(8) | 7 N 氮 14.0067(2) | 8 O 氧 15.9994(3) | 9 F 氟 18.9984032(5) | 10 Ne 氖 20.1797(6) |
| | | | 13 Al 铝 26.981538(2) | 14 Si 硅 28.0855(3) | 15 P 磷 30.973761(2) | 16 S 硫 32.065(5) | 17 Cl 氯 35.453(2) | 18 Ar 氩 39.948(1) |
| 28 Ni 镍 58.6934(2) | 29 Cu 铜 63.546(3) | 30 Zn 锌 65.409(4) | 31 Ga 镓 69.723(1) | 32 Ge 锗 72.64(1) | 33 As 砷 74.92160(2) | 34 Se 硒 78.96(3) | 35 Br 溴 79.904(1) | 36 Kr 氪 83.798(2) |
| 46 Pd 钯 106.42(1) | 47 Ag 银 107.8682(2) | 48 Cd 镉 112.411(8) | 49 In 铟 114.818(3) | 50 Sn 锡 118.710(7) | 51 Sb 锑 121.760(1) | 52 Te 碲 127.60(3) | 53 I 碘 126.90447(3) | 54 Xe 氙 131.293(6) |
| 78 Pt 铂 195.078(2) | 79 Au 金 196.96655(2) | 80 Hg 汞 200.59(2) | 81 Tl 铊 204.3833(2) | 82 Pb 铅 207.2(1) | 83 Bi 铋 208.98038(2) | 84 Po 钋 208.98 | 85 At 砹 209.99 | 84 Rn 氡 222.02 |
| 110 Ds 𫟼 (269) | 111 Rg 轮 (272) | 112 Cn 鎶 (277) | 113 Uut * (278) | 114 Fl 铁 (289) | 115 Uup * (288) | 116 Lv 𫟷 (289) | | 118 Uuo * (294) |

| | | | | | | | | | |
|---|---|---|---|---|---|---|---|---|---|
| 62 Sm 钐 150.36(3) | 63 Eu 铕 151.964(1) | 64 Gd 钆 157.25(3) | 65 Tb 铽 158.92534(2) | 66 Dy 镝 162.500(1) | 67 Ho 钬 164.93032(2) | 68 Er 铒 167.259(3) | 69 Tm 铥 168.93421(2) | 70 Yb 镱 173.04(3) | 71 Lu 镥 174.967(1) |
| 94 Pu 钚 244.06 | 95 Am 镅 243.06 | 96 Cm 锔 247.07 | 97 Bk 锫 247.07 | 98 Cf 锎 251.08 | 99 Es 锿 252.08 | 100 Fm 镄 257.10 | 101 Md 钔 258.10 | 102 No 锘 259.10 | 103 Lr 铹 260.11 |